WOLFGANG SCHOMBERG | PETER RÜTHER

Kleine Paradiese

Siebengebirge

WOLFGANG SCHOMBERG (FOTOS) | PETER RÜTHER (TEXT)

Kleine Paradiese

DIE SCHÖNSTEN NATURSCHUTZGEBIETE IN NRW

Droste Verlag

Wildwald Vosswinkel

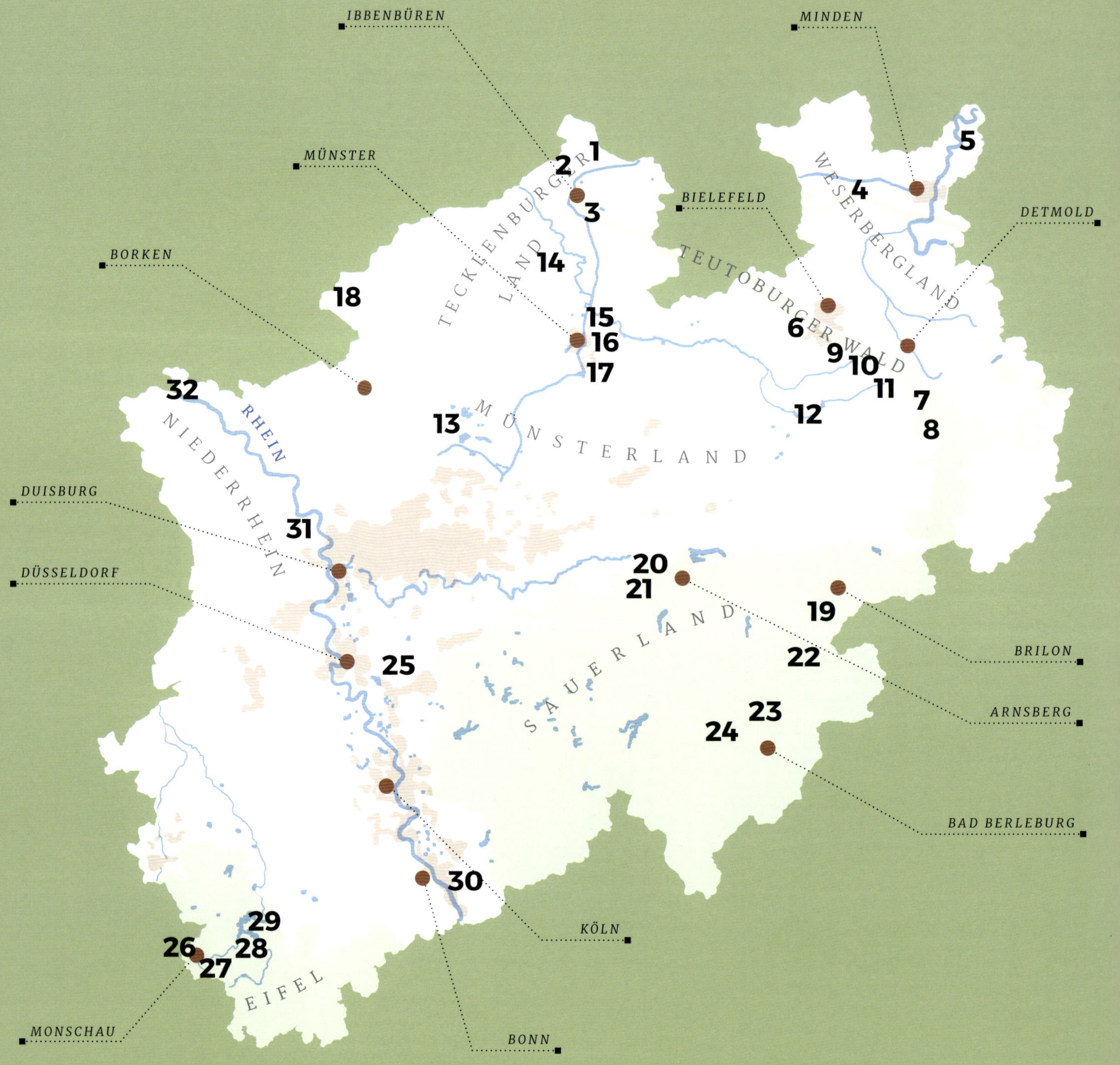
IBBENBÜREN
MINDEN
MÜNSTER
BIELEFELD
DETMOLD
BORKEN
TECKLENBURGER LAND
TEUTOBURGER WALD
WESERBERGLAND
MÜNSTERLAND
RHEIN
NIEDERRHEIN
DUISBURG
DÜSSELDORF
SAUERLAND
BRILON
ARNSBERG
BAD BERLEBURG
KÖLN
BONN
MONSCHAU
EIFEL
1
2
3
4
5
6
7
8
9
10
11
12
13
14
15
16
17
18
19
20
21
22
23
24
25
26
27
28
29
30
31
32

Ausflugstipps

Gute Möglichkeit zur Vogelbeobachtung

Radwandern möglich

Gutes Wandergebiet

Barrierefrei

Treffpunkt
Führung zu den Hirschbrunftplätzen
mit Förstern & Waldlehrern
17:30 Uhr
ca. 1,5 Std. Führung
Freitag, Samstag, Sonntag, Feiertag

Liebe Leserin, lieber Leser,

Nordrhein-Westfalen ist nicht nur das bevölkerungsreichste Bundesland, auch in Sachen Naturschutz hält das Land im Westen Deutschlands einen Superlativ bereit: Denn mit über 3000 Naturschutzgebieten liegt NRW auf Platz 1 im bundesdeutschen Vergleich. Diese schützenswerten Lebensräume, in denen seltene Pflanzen und Tiere ein Zuhause gefunden haben, sind nicht nur in den ohnehin eher ländlich geprägten Teilen des Landes wie der Eifel oder dem Münsterland zu finden. Auch mitten im Ruhrgebiet, dem mit über 5 Millionen Einwohnern größten Ballungsraum Deutschlands, finden sich Schutzgebiete. Manchmal verdanken wir deren Existenz sogar dem Bergbau – wie im Fall der Halde Rheinbaben in Gladbeck oder dem Lanstroper See in Dortmund. Doch die flächenmäßig größten Naturschutzgebiete finden sich natürlich in den weniger dicht besiedelten Regionen.

Anders als vielleicht erwartet, geht es in Nordrhein-Westfalen also ganz schön grün zu – das hat auch der Fotograf Wolfgang Schomberg gemerkt, als er sich auf den Weg gemacht hat, um die schönsten Naturschutzgebiete im Land zu suchen. Und er hat nicht nur gesucht, er wurde auch fündig, wie der vorliegende Band eindrucksvoll beweist. Insgesamt 32 ganz verschiedene Naturschönheiten hat er vor die Linse geholt – von der gespenstischen Moorlandschaft über den verwunschenen Märchenwald bis zu bizarren Felsformationen und bunt blühenden Heidelandschaften. Ob die Dörenther Klippen im Tecklenburger Land, die Moosheide im Münsterland, die Wisentwildnis im Sauerland oder die Bislicher Insel am Niederrhein – in großartigen Naturaufnahmen werden alle Naturschutzgebiete so gekonnt in Szene gesetzt, dass einen das Durchblättern des Buches manches Mal nur staunen und ausrufen lässt: Ich wusste gar nicht, wie schön es hier ist! Abgerundet wird die Bilderreise durch die Texte von Peter Rüther, Leiter der Biologischen Station Paderborn-Senne. Er hat die jeweiligen Naturschutzgebiete porträtiert und beschreibt, was sie so einzigartig macht.

Das Buch ist eine Einladung, die natürliche Vielfalt Nordrhein-Westfalens selbst zu entdecken. Gehen Sie raus und erleben, ja genießen Sie die Natur! Damit das gelingt, gibt es zu jedem der vorgestellten Naturschutzgebiete die entsprechenden Serviceinformationen. Darin sind nicht nur die harten Fakten zusammengefasst, sondern auch, ob man dort besonders gut (Rad-)Wandern oder Vögel beobachten kann und ob der Besuch des Gebietes auch für Rollstuhlfahrer und Kinderwagen problemlos möglich ist. Auch ein Startpunkt für die Erkundungstour wird mit angegeben.

Viel Spaß in der Natur!
Ihr Team vom Droste Verlag

Was ist ein Naturschutzgebiet?

Die dreieckigen Schilder mit dem Seeadler und dem grünen Rand kennen alle. Aber was verbirgt sich hinter dem Begriff „Naturschutzgebiet“? Was ist das Besondere an einem solchen Gebiet? Was ist hier erlaubt und was nicht?

Das Naturschutzgebiet ist die strengste Schutzform einer Landschaft, die es nach deutschem Recht gibt. Ein Gebiet kann aus verschiedenen Gründen als Naturschutzgebiet ausgewiesen werden. In den meisten Fällen sind es Gebiete, die Lebensstätten bestimmter seltener oder gefährdeter Pflanzen und Tiere sind. Andere Gründe für die Ausweisung als Naturschutzgebiet sind die Seltenheit eines Naturelements sowie die besondere Eigenart oder die herausragende Schönheit eines Gebietes.

Grundsätzlich gilt in einem Naturschutzgebiet, dass die Natur mit ihren Pflanzen und Tieren absoluten Vorrang vor allen menschlichen Aktivitäten hat. Pflanzen und Tiere dürfen nicht beunruhigt oder gestört werden. Dafür müssen sich Besucherinnen und Besucher an bestimmte Regeln halten. So dürfen die Wege in einem Naturschutzgebiet nicht verlassen werden. Selbstverständlich dürfen auch keine Pflanzen gepflückt oder Tiere entnommen werden.

Naturfreunde wollen sich möglichst naturverträglich verhalten. So fällt es den meisten auch nicht schwer, bestimmte Freizeit-Aktivitäten in einem Naturschutzgebiet zu unterlassen, zum Beispiel lagern, zelten, Feuer machen. Und dass Müll nicht in die Landschaft gehört – weder in einem Naturschutzgebiet noch anderswo – sollte mittlerweile eigentlich schon Allgemeinwissen sein und von jedem beherzigt werden.

1921

WURDE DAS NEANDERTAL DAS ERSTE DEUTSCHE NATURSCHUTZGEBIET.

Naturschutzgebiet
1,1 km
0,6 km
Hochdahl
Millrath
Wanderer!
Hier ist die Kinderstube des Wildes.
Halte Deinen Hund an der Leine
und bleib auf den Wegen!

Es ist schon ein besonderes Erlebnis, im Urlaub fremde Länder zu bereisen, andersartige Landschaften kennenzulernen und unbekannte Pflanzen und Tiere zu beobachten. Aber mal ganz ehrlich: Wer kann schon behaupten, einen großen Teil der allein in Deutschland vorkommenden Pflanzen und Tiere zu kennen? Denn das sind nach derzeitigem Kenntnisstand immerhin mehr als 10.000 Pflanzenarten, fast 50.000 Tierarten und fast 15.000 Pilzarten. Aus globaler Perspektive beherbergt Deutschland zwar nicht einmal 4 Prozent der weltweit bekannten etwa 2 Millionen Arten, die bisher entdeckt wurden, aber dennoch ist es eine beeindruckende Zahl.

ÜBER 3.000 NATURSCHUTZGEBIETE IN NRW

Viele Arten kann man auch vor der eigenen Haustür entdecken. Manchmal genügt dafür ein Spaziergang in den nächsten Wald oder in die Feldflur. Manchmal muss man auch ein Naturschutzgebiet aufsuchen, vor allem um Pflanzen und Tiere zu finden, die ganz besondere Ansprüche an ihren Lebensraum haben oder die heute in der „Normallandschaft" nur noch sehr selten zu finden sind.

Natur erleben, erkunden, lernen und genießen – vor der Haustür

In Nordrhein-Westfalen gibt es heute mehr als 3.000 Naturschutzgebiete, die mit fast 280.000 Hektar insgesamt mehr als 8 Prozent der Landesfläche einnehmen (Stand 31.07.2015; Quelle: www.nsg.naturschutzinformationen.nrw.de). In diesen Gebieten sind nicht nur seltene Arten zu Hause, oft sind es ausgesprochen schöne Landschaften, die unter Schutz gestellt sind, um sie vor Bebauung und Zersiedlung sowie andere Formen der Naturzerstörung zu bewahren.

MEHR ALS 10.000 PFLANZENARTEN

Engagement für den Naturschutz – die Biologischen Stationen in NRW

Biologische Stationen — das klingt irgendwie nach einer Forschungseinrichtung oder nach einer behördlichen Organisation. Aber keines von beiden sind Biologische Stationen. Es sind private Vereine, die verschiedene Aufgaben in den Schutzgebieten in NRW übernehmen. Die Anfänge reichen zurück bis in die 1980er-Jahre, als von Naturschützern festgestellt wurde, dass trotz Ausweisung neuer Naturschutzgebiete die Bestände vieler seltener Arten – damals standen vor allem die Wiesenvögel im Blickpunkt — immer stärker zurückgehen. So wurde von Behörden und ehrenamtlichen Naturschützern ein Konzept entwickelt, um Naturschutzbehörden von bestimmten Aufgaben zu entlasten und diese auf private Vereine zu übertragen. Die Vereine — gemeint sind die Biologischen Stationen - werden mit staatlichen und kommunalen Mitteln finanziell gefördert und können so eine Geschäftsstelle unterhalten und hauptamtliches Personal für die vielfältigen Aufgaben einstellen.

41 BIOSTATIONEN IN NRW

Zu den Aufgaben der Biologischen zählen regelmäßige Datenerhebungen zu seltenen und gefährdeten Pflanzen, Tieren und Lebensräumen in Schutzgebieten, praktische Landschaftspflege- und Artenschutzmaßnahmen sowie Öffentlichkeitsarbeit, Umweltbildung und Beratung. Diese vielfältigen Aufgaben werden zwar im Wesentlichen von den hauptamtlichen Kräften erledigt, die ehrenamtliche Unterstützung durch viele freiwillige Helfer ist aber nach wie vor eine wichtige Grundlage der Arbeit. Viele Biologische Stationen bieten ein Freiwilliges Ökologisches Jahr und den Bundesfreiwilligendienst an, oft gibt es auch Kooperationen mit Einrichtungen der Behindertenhilfe.

Übrigens: Biologische Stationen, das Modell einer flächendeckenden fachlichen Betreuung von Schutzgebieten, gibt es nur in Nordrhein-Westfalen.

Die wichtigste Funktion der Biologischen Stationen ist aber, dass sie Bindeglied sind zwischen Behörden, Landnutzern und Bevölkerung. Naturschutz für den Menschen — das ist ein wesentlicher Kernpunkt der Arbeit der Biologischen Stationen.

Biologische Station
Kreis Paderborn | Senne

3.117
NATURSCHUTZGEBIETE
IN NRW
8%
DER LANDESFLÄCHE NRW

FFH-Gebiete – ein neuer Typ von Schutzgebieten?

Etwa mit der Jahrtausendwende taucht immer häufiger ein neuer Begriff im Naturschutz auf, das „FFH-Gebiet". Die drei Buchstaben „FFH" stehen dabei für Fauna, Flora, Habitat, und dies wiederum ist der Name einer EU-Richtlinie aus dem Jahr 1992, die von den europäischen Staaten einstimmig verabschiedet wurde. In dieser Richtlinie verpflichtet die Europäische Union ihre Mitgliedstaaten, ganz bestimmte, aus europäischer Sicht bedeutsame Pflanzen, Tiere und Lebensräume, die in der FFH-Richtlinie aufgeführt sind, in angemessener Weise zu schützen.

Daraufhin haben die Mitgliedstaaten der EU eine Liste von Gebieten vorgeschlagen, die geschützt werden sollen. Nach Prüfung und Anerkennung durch die EU werden diese Gebiete dann von den Mitgliedstaaten nach den jeweils geltenden nationalen Gesetzen unter Schutz gestellt. In Deutschland werden die FFH-Gebiete in der Regel als Naturschutzgebiete ausgewiesen – sofern sie es nicht sowieso schon bei der Meldung an die EU waren. Viele der in diesem Buch vorgestellten Naturschutzgebiete sind gleichzeitig auch FFH-Gebiete, in manchen Fällen weichen die Grenzen der beiden Schutzgebietstypen allerdings voneinander ab.

Alle FFH-Gebiete Europas zusammen bilden das Schutzgebietsnetz NATURA 2000, zu dem auch noch die Europäischen Vogelschutzgebiete zählen, die auf Grundlage der EU-Vogelschutzrichtlinie aus dem Jahr 1979 geschützt sind. Aktuell (Stand 2015) gehören deutschlandweit insgesamt 5.206 Gebiete zum Netz NATURA 2000, dies entspricht etwas mehr als 15 % der Landfläche und 45 % der Seefläche. In NRW wurden 518 Gebiete mit einer Gesamtfläche von rund 185.000 Hektar als FFH-Gebiete gemeldet.

Mit den FFH-Gebieten und den EU-Vogelschutzgebieten hat die EU das weltweit größte Netz von Schutzgebieten aufgebaut – bei allen bürokratischen Hemmnissen und Unzulänglichkeiten bei der Umsetzung ist dies eine enorme Leistung und ein großer Erfolg für den europäischen Naturschutz.

Recker Moor

Tecklenburger Land

Das an der Grenze zu Niedersachsen gelegene Tecklenburger Land ist eine von Gegensätzen geprägte Region. Da ist zum einen der Höhenzug des Teutoburger Waldes, der hier in nordwestlicher Richtung in das Nordwestdeutsche Tiefland ausläuft. Und dann gibt es noch das von Äckern, Wiesen und Weiden geprägte Tiefland, das in das Osnabrücker Hügelland übergeht.

In den Niederungen sind Moorböden vorherrschend, die in der Vergangenheit vielfach entwässert und dadurch landwirtschaftlich nutzbar wurden. Auch Bodenschätze gibt es hier. So wurden teilweise schon seit dem Mittelalter Sandsteine und Tone abgebaut sowie Steinkohle und Eisenerz gewonnen.

1

Recker Moor

Eines der am besten erhaltenen Moore in NRW

Am Wollgrasmeer im Norden von NRW

Das rund 350 Hektar große Naturschutzgebiet Recker Moor ist ein Rest des früher fast 5.000 Hektar großen Vinter Moores am nördlichen Rand von Nordrhein-Westfalen. Die bis zu 3 Meter mächtigen Hochmoor-Torfe wurden hier wie in vielen anderen norddeutschen Mooren auch entwässert, abgebaut und landwirtschaftlich genutzt (zum Beispiel zum Anbau von Buchweizen). Zur Entwässerung trugen auch ein Moorkanal aus dem Jahr 1870 bei sowie die Erweiterung des Netzes an Entwässerungsgräben durch die Arbeit vieler Kriegsgefangener im Ersten Weltkrieg. Das Recker Moor ist außerdem ein Paradebeispiel für die sogenannte „Deutsche Hochmoorkultur", das heißt die zusätzliche Entwässerung über im Boden verlegte Tonröhren.

Der Torfabbau endete, als das Recker Moor 1971 als Naturschutzgebiet ausgewiesen wurde, 1986 auch das angrenzende Mettinger Moor. Beide Gebiete zusammen bilden das FFH-Gebiet Mettinger und Recker Moor mit einer Größe von 426 Hektar. Im Gegensatz zum Mettinger Moor gibt es im Recker Moor noch lebendes Hochmoor mit typischer Moorvegetation, wachsenden Torfmoosen und vielen Tierarten der Moore.

Der derzeitige gute Zustand des Recker Moores ist das Ergebnis umfangreicher Naturschutzmaßnahmen zur Wiedervernässung: Dämme wurden angelegt, um den Wasserabfluss zu verringern und Gehölze wurden entnommen, um die Wasserverdunstung zu reduzieren.

Heute ist das Recker Moor eines der am besten erhaltenen Moore in Nordrhein-Westfalen. Die landesweit selten gewordenen Bekassinen, Uferschnepfen und Brachvögel kommen zum Beispiel hier noch vor. Weitere interessante Arten des Gebietes sind die ebenfalls landesweit sehr seltenen Arten Moorfrosch und Schlingnatter sowie viele Libellenarten.

Von zwei Parkplätzen aus kann man das Moor erkunden. Am Weg stehen zwei hölzerne Aussichtstürme, der Libellenturm und der Schnepfenturm; sie bieten von erhöhter Position schöne Einblicke in das Moor und auf seine Bewohner.

DIE FAKTEN

Lage:
Gemeinde Recke (Kreis Steinfurt)
Größe:
ca. 345 ha
Startpunkt:
Wanderparkplatz Recker Moor/Moorturm, 49509 Recke (DG 52.402417, 7.763538)
Weitere Informationen:
Biologische Station Kreis Steinfurt
www.biologische-station-steinfurt.de

2

Großes Heiliges Meer

Der größte natürliche See in Nordrhein-Westfalen

Auf Du und Du mit dem Damwild

Der ungewöhnliche Name des Naturschutzgebietes geht auf eine alte Flurbezeichnung zurück. Das Heilige Feld zwischen Hopsten und Recke ist ein geologisches Senkungsgebiet, das heißt hier sind durch Erdfälle Geländemulden entstanden, die sich mit Wasser gefüllt haben. Erdfälle entstehen, wenn salzhaltiges Gestein im Untergrund gelöst wird und dadurch Hohlräume gebildet werden, die irgendwann einstürzen.

Diese Entstehungsgeschichte gilt zumindest für die drei größeren Gewässer des Gebietes – eines davon entstand erst vor gut 100 Jahren, als eine fast kreisrunde Fläche von etwa 100 Meter Durchmesser über 10 Meter tief absackte. Das größte Gewässer, genannt „Großes Heiliges Meer", ist mit etwa 11 Hektar der größte natürliche See in Nordrhein-Westfalen. Er entstand vor etwa 1.100 Jahren, das Kleine Heilige Meer" ist etwa 2.000 Jahre alt. Das vierte größere Gewässer ist ein flacher Heideweiher, der sich über einer flachen, wasserundurchlässigen Ortsteinschicht gebildet hat.

Das Naturschutzgebiet Heiliges Meer – Heupen dürfte eines der am besten erforschten Gebiete in Deutschland sein, zumindest in Bezug auf seine Pflanzen- und Tierwelt und auf die Gewässer. Das liegt daran, dass der Landschaftsverband Westfalen-Lippe (LWL) hier eine Außenstelle des Naturkundemuseums Münster eingerichtet hat. Diese Biologische Station Heiliges Meer bietet seit 1930 zahlreiche ein- und mehrtägige Kurse zu naturkundlichen Themen an, in denen das Naturschutzgebiet erlebt und erforscht wird. Auch ein Labor für Gewässeranalysen kann genutzt werden. Und Übernachtungs- und Verpflegungsmöglichkeiten gibt es auch.

Inzwischen gehören große Flächen dem LWL und es gibt hier ideale Bedingungen für große und kleine Naturforscher, die Artenkenntnisse erwerben sowie Kartiermethoden kennenlernen und verbessern wollen. Dafür eignen sich die Gewässer, Heiden und Wälder des Gebietes mit ihrer vielfältigen Pflanzen- und Tierwelt ganz hervorragend.

DIE FAKTEN

Lage:
Gemeinden Hopsten und Recke (Kreis Steinfurt)
Größe:
ca. 260 ha
Startpunkt:
Parkplatz Heiliges Meer an der L504 zwischen Hopsten und Obersteinbeck (DG 52.347473, 7.634205)
Weitere Informationen:
Außenstelle Heiliges Meer des LWL-Museums für Naturkunde www.naturkundemuseum-muenster.de/de/heiliges-meer

3

Dörenther Klippen

Bizarre Felsformationen und weite Ausblicke

Das hockende Weib – Wächterin des nördlichen Münsterlandes

Eine etwa 4 Kilometer lange Felsformation im westlichen Teil des Teutoburger Waldes bildet die Dörenther Klippen. Grob begrenzt werden die bis zu 40 Meter hohen Felsen durch den Ibbenbürener Pass mit der B219 im Nordwesten und dem Bocketal mit der Strecke der Teutoburger-Wald-Eisenbahn im Südosten.

Der bekannteste Einzelfelsen dürfte das Hockende Weib sein, der einer hockenden Frau ähneln soll und ein Wahrzeichen der Stadt Ibbenbüren ist. Dazu gibt es eine passende Sage über eine Frau, die ihre Kinder vor einer Flut rettete, indem sie diese im Wasser stehend auf ihre Schultern hob und so lange darauf hielt, bis das Wasser zurückging und sie selbst zu Stein erstarrt war.

Wegen der auffälligen Felsformation und der weiten Ausblicke sind die Dörenther Klippen schon lange ein beliebtes Ziel für Ausflügler und Wanderer. In unmittelbarer Nähe der Klippen verläuft zudem der Hermannsweg, einer der bekanntesten deutschen Fernwanderwege. Aber auch Mountainbiker und Kletterer möchten sich hier gerne austoben. Von einer intensiven und traditionsreichen Nutzung zeugen eine nah gelegene Sommerrodelbahn, ein Märchenwald und mehrere Gastronomiebetriebe.

Seit 2003 sind die Dörenther Klippen Naturschutzgebiet und bilden mit weiteren Flächen das FFH-Gebiet Sandsteinzug Teutoburger Wald. Den Wert des Gebietes machen zum einen die markanten Felsgebilde aus, zum anderen auch seltene Pflanzen und Tiere, vor allem viele Moose und Flechten. Auch ein Uhu brütet hier und lässt sich hoffentlich von den vielen Freizeitaktivitäten nicht zu sehr stören.

DIE FAKTEN

Lage:
Städte Ibbenbüren und Tecklenburg (Kreis Steinfurt)
Größe:
ca. 59 ha
Startpunkt:
Wanderparkplatz an der B219 (Münsterstr. 420, 49479 Ibbenbüren) zwischen Ibbenbüren und Dörenthe (DG 52.246442, 7.695044)
Weitere Informationen:
www.teutoschleifen.de

TIPP:
Da freuen sich auch die Kleinen: Sommerrodelbahn und Märchenwald runden den Ausflug ab.
• www.sommerrodelbahn.de

Weseraue

Weserbergland

Das im äußersten Osten von Nordrhein-Westfalen gelegene Weserbergland besteht im Unterschied zum geologisch älteren Rheinischen Schiefergebirge aus jüngeren Gesteinsschichten. In einem regen Wechsel treten harte und weiche Gesteine zu Tage. Die weichen Schichten wurden im Laufe der Zeit abgetragen und die harten, erhalten gebliebenen Sandsteine und Kalke treten als Bergrücken oder Bergländer auf. Daraus entstand ein abwechslungsreiches Relief zwischen dem tiefen Oberwesertal im Osten und den bewaldeten Höhen des Eggegebirges im Westen.

Den südlichen Teil des Weserberglandes bildet die Warburger Börde mit den fruchtbarsten Böden in ganz Westfalen. Nach Norden schließen zuerst das waldreiche Brakeler Bergland an und dann die ebenfalls sehr ertragreichen Lössböden der Steinheimer Börde, bevor es in die bewegte Kulturlandschaft des Lipper Berglandes mit seinen vielen kleinen Burgen und Rittergütern übergeht.

4

Großes Torfmoor

Eines der international wichtigsten Feuchtgebiete

Ein Hochmoor für Überlebenskünstler

Eines der bedeutendsten Moorgebiete Nordrhein-Westfalens, das Große Torfmoor, liegt schon ziemlich weit am Rand von NRW. Hinter dem Wiehengebirge erstreckt sich das Hiller Moor oder Nettelstedter Moor – wie es auch genannt wird – auf etwa 3 Kilometer Länge in der Niederung direkt am Mittellandkanal. In der Saale-Eiszeit vor rund 200.000 Jahren floss hier die Ur-Weser, weil sie den von Norden heranrückenden Gletschern ausweichen musste. Sie floss damals viel weiter nach Westen als heute. Als die Gletscher zurückwichen, verlagerte sich die Weser in ihr heutiges Flussbett. In der feuchten Niederung entstand zuerst ein See, auf dessen Grund sich im Laufe der Zeit zuerst eine dicke Sedimentschicht bildete und später ein Hochmoor entwickelte.

Hochmoore sind extreme Lebensräume. Nur wenige Überlebenskünstler, die mit den nassen und stark sauren Verhältnissen zurechtkommen, können hier wachsen und leben. Weil echte Hochmoore sehr empfindlich sind und weil sie so lange Entwicklungszeiten haben (man sagt, dass 1 Zentimeter Torf etwa 10 Jahre Wachstumszeit benötigt), finden sie unter Naturschützern besondere Beachtung. Im Großen Torfmoor sind die Torfschichten mehr als 10 Meter mächtig.

Das Große Torfmoor musste in der Vergangenheit das gleiche Schicksal erdulden wie viele andere Moore auch. Damit der Torf abgebaut werden konnte, wurde das Moor entwässert. Der Torfabbau dauerte insgesamt vom 17. bis Mitte des 20. Jahrhunderts. Der Torf wurde zum Brennen, zum Bauen (zum Ausfüllen der Gefache in Fachwerkhäusern) und später auch als Badetorf für den Kurort Bad Oeynhausen genutzt. Seit der Ausweisung als Naturschutzgebiet 1980 wurden Entwässerungsgräben wieder verschlossen und mehrere Dämme gebaut, um das Wasser im Moor zurückzuhalten.

Die bekannteste Moorpflanze dürfte der Sonnentau sein. Seine Anpassung an nährstoffarme Standorte geht so weit, dass er die Nährstoffe nicht nur aus dem Boden aufnimmt, sondern auch, indem er Fliegen oder andere kleine Insekten fängt und verdaut. Dafür hat die Pflanze ganz spezielle Drüsenhaare auf den Blättern. An den klebrigen Tropfen am Ende der Haare bleiben vorbeifliegende Insekten kleben, werden dann von dem ganzen Blatt umhüllt und schließlich durch Enzyme aufgelöst und von der Pflanze aufgenommen. Die wichtigsten Pflanzen der Hochmoore sind aber ohne Zweifel die Torfmoose. Wie andere Pflanzen auch wachsen sie oben dem Licht entgegen, sterben aber gleichzeitig unten ab. Diese abgestorbene Pflanzenmasse bildet den Torf.

Wie sein Name verrät, ist der Moorfrosch ein typischer Moorbewohner. Die auffällig blaue Färbung, die für den Moorfrosch so charakteristisch ist, haben allerdings nur die Männchen, und dies auch nur zur Paarungszeit. Ein echter Moorbewohner unter den Vögeln ist die Bekassine, eine Schnepfe mit langem Schnabel. Aus vielen Gebieten Nordrhein-Westfalens ist sie inzwischen verschwunden, im Großen Torfmoor findet sie aber auch heute noch ihren Lebensraum.

DIE FAKTEN

Lage:
Stadt Lübbecke, Gemeinde Hille (Kreis Minden-Lübbecke)

Größe:
ca. 467 ha (FFH-Gebiet Großes Torfmoor ca. 605 ha)

Startpunkt:
Parkplatz am Besucherzentrum Moorhus, Frotheimer Str. 57 a, 32312 Lübbecke (DG 52.328054, 8.669241)

Weitere Informationen:
Moorhus NABU Besucherzentrum Großes Torfmoor
www.moorhus.eu

TIPP:
In direkter Nachbarschaft und quasi in Verbindung zu den Weserauen kann man etliche Mühlen entdecken und besuchen, z. B. bei den beliebten Backtagen. Ideal für ausgedehnte Radtouren!
• www.muehlenkreis.de

5

Weserauen

Eine Flusslandschaft wird zum Vogelschutzgebiet

Von der Urlandschaft zur Kulturlandschaft

Ganz im Norden von Nordrhein-Westfalen liegt die Weseraue zwischen Petershagen und Schlüsselburg. Mit seinen zahlreichen durch den Kiesabbau entstandenen Stillgewässern, der teilweise aufgestauten Weser und den weitläufigen, gering besiedelten Flussmarschen bietet das Gebiet nicht nur ideale Lebensräume für zahlreiche Vogelarten der Feuchtgebiete und Auen, sondern hat auch eine wichtige Funktion als Rast- und Überwinterungsgebiet für viele Zugvögel. Es ist also insgesamt ein sehr wichtiges Gebiet für unsere heimische Vogelwelt. Dementsprechend wurde es auch schon 1983 als Feuchtgebiet von internationaler Bedeutung ausgewiesen.

Das EU-Vogelschutzgebiet Weseraue ist etwa 3.000 Hektar groß und umfasst mehrere Naturschutzgebiete, zum Beispiel die Weseraue, Staustufe Schlüsselburg, Häverner Marsch und Windheimer Marsch sowie die Grube Baltus. Im Wesentlichen handelt es sich hierbei um renaturierte Kiesabgrabungen, teilweise auch um Ackerflächen, die als Rast- und Nahrungsgebiete für die Vögel dienen.

Viele seltene Vogelarten brüten in dem Vogelschutzgebiet Weseraue, zum Beispiel Flussregenpfeifer und Flussseeschwalbe, Kiebitz, Rohrweihe, Brandgans und die seltenen Entenarten Schnatterente, Löffelente, Krickente, Knäkente und Tafelente. Das besondere Markenzeichen des Gebietes sind aber die Störche. Nachdem die Bestände in den 1990er-

Jahren fast zusammengebrochen waren, haben sie sich durch die vielfältigen Bemühungen des haupt- und ehrenamtlichen Naturschutzes wieder erholt. Für die Störche wurden Nisthilfen angelegt, aber auch Nahrungsflächen angekauft. Heute ziehen regelmäßig über 15 Brutpaare in der Weseraue ihre Jungvögel auf.

In der kalten Jahreszeit kann man hier andere Vögel beobachten. Arten, die im Sommer weiter nördlich brüten, rasten in der Weseraue auf ihrem Zug nach Süden oder verbringen hier sogar den Winter. Dann sind hier Tausende Bläss- und Saatgänse sowie viele Singschwäne zu sehen.

Interessierte Besucher haben viele Möglichkeiten, die Besonderheiten von Natur und Landschaft der Weseraue zu erleben, ohne empfindliche Vögel zu stören oder zu vertreiben. Über das gesamte Vogelschutzgebiet verteilt gibt es mehrere Rundwanderwege. An verschiedenen Stellen wurden Beobachtungshütten errichtet, von denen aus zu jeder Jahreszeit und bei jedem Wetter spannende Naturbeobachtungen möglich sind und die weitgehend barrierefrei sind.

DIE FAKTEN

Lage:
Kreis Minden-Lübbecke
Größe:
ca. 3.000 ha
Startpunkt:
viele Rastplätze und Naturbeobachtungshütten im gesamten Gebiet
Weitere Informationen:
Biologische Station Minden-Lübbecke
www.weseraue.de

TIPP:
Die Weseraue besteht aus mehreren Gebieten, die in Gänze am besten mit dem Fahrrad zu erkunden sind.

Aussicht vom Tönsberg

Teutoburger Wald

mit Eggegebirge

Der Teutoburger Wald und das südlich anschließende Eggegebirge sind heute komplett bewaldet. Das war aber nicht immer so. Zu Beginn des 19. Jahrhunderts waren große Teile stark übernutzt und sogar weitgehend waldfrei. Danach wurden sie großflächig aufgeforstet. Während das rauere Eggegebirge bis heute siedlungsfrei blieb, entstanden im deutlich schmaleren Gebirgszug des Teutoburger Waldes kleine Städte und Siedlungen.

Auch wenn uns der Teutoburger Wald als eine geografische Einheit erscheint, die sich deutlich von den angrenzenden, tiefer gelegenen Landschaften abhebt, ist er in geologischer Hinsicht äußerst kompliziert und aus mehreren, ganz unterschiedlichen Teilen zusammengesetzt. Während der Hauptkamm und die südlichen Vorberge die aufgebogenen Ränder der Gesteinsplatte des Münsterlandes sind, werden die nördlichen Vorberge aus Gesteinsschichten des nördlich angrenzenden Vorlandes gebildet.

6

Östlicher Teutoburger Wald

Wanderungen zwischen Buchen und Bärlauch

Zu jeder Jahreszeit ein Erlebnis

Der Teutoburger Wald ist ein ungewöhnliches Mittelgebirge. Allein seine Form – er ist 120 Kilometer lang und zum größten Teil nur etwa 1 Kilometer breit – unterscheidet ihn von den meisten anderen deutschen Wanderregionen. Wenn man sich etwas mehr mit der Entstehungsgeschichte beschäftigt wird aber schnell klar, warum das so ist. Der Teutoburger Wald liegt nämlich am Rand zweier großer Erdschollen, die vor etwa 70 Millionen Jahren derartig stark gegeneinanderdrückten, dass sich die Gesteine am Rand in die Höhe schoben, auffalteten, teilweise auch senkrecht stellten und sogar umkippten. Dadurch ist nicht nur ein Höhenzug mit einer ungewöhnlich langgestreckten Form entstanden, sondern auch ein Gebirge mit einer komplizierten Geologie. Drei unterschiedliche Gesteine aus verschiedenen Erdepochen bauen den Teutoburger Wald auf: Kalke der Unteren Kreide, Sandstein der Oberen Kreide und Kalke des Muschelkalks.

Wegen seiner Nähe zu vielen mittelgroßen Städten und der vergleichsweise dichten Besiedlung in seiner Umgebung ist der Teutoburger Wald ein beliebtes Wandergebiet. Viele Wanderwege verlaufen auf dem Gebirgskamm – weit bekannt sind der Hermannsweg und der Eggeweg, heute als „Hermannshöhen“ beworben. Mit den vielen Besuchern, die hier ein schönes Naturerlebnis suchen, sind aber auch gewisse Nachteile für die Tierwelt verbunden: die Arten, die empfindlich auf Störungen durch den Menschen reagieren, haben es hier

schwer. Dennoch sind im Teutoburger Wald –, wie in vielen anderen Regionen Deutschlands auch – große Vogelarten wieder heimisch geworden, deren Rückkehr man vor einigen Jahrzehnten nicht für möglich gehalten hätte. Uhu und Kolkrabe sind wieder überall im Teutoburger Wald zu finden. Die scheuen Uhus bekommt man als Spaziergänger kaum zu Gesicht, den Ruf des Kolkraben kann man aber an vielen Stellen hören und die Tiere dann oft auch in der Luft oder auf den Bäumen sehen.

Und ein weiterer Aspekt für den Naturschutz ist ebenfalls von Bedeutung: Durch seine enorme Länge (zusammen mit dem Eggegebirge erreicht der Teutoburger Wald sogar fast 200 Kilometer Länge) verbindet der Teutoburger Wald viele Landschaften miteinander und ist dadurch ein wichtiger Baustein im überregionalen Biotopverbund. Pflanzen und Tiere können ihn als Wanderkorridor nutzen.

Auch in kulturhistorischer Sicht gibt es viel über den Teutoburger Wald zu erzählen, man denke nur an die Varusschlacht, an das Hermannsdenkmal und die Externsteine.

DIE FAKTEN

Lage:
Kreis Gütersloh, Stadt Bielefeld, Kreis Lippe
Größe:
ca. 5.303 ha
Startpunkt:
viele Wanderparkplätze im gesamten Gebiet; weitere attraktive Startmöglichkeiten bieten auch die touristischen Anziehungspunkte:
- *das Bauernhausmuseum*
- *der Tierpark Olderdissen*
- *die Sparrenburg in Bielefeld*
- *das Archäologische Freilichtmuseum in Oerlinghausen*
- *das Westfälische Freilichtmuseum*
- *das Hermannsdenkmal in Detmold*

Weitere Informationen:
Naturpark Teutoburger Wald/Eggegebirge
www.naturpark-teutoburgerwald.de

TIPP:
Durch die Nähe zu vielen Attraktionen kann man im Teutoburger Wald Ausflüge sehr abwechslungsreich gestalten. Oder tagelange Wanderungen unternehmen: Der Hermannsweg lädt ein!
- *www. hermannshoehen.teutoburgerwald.de*

7

Externsteine

Einzigartiges Natur- und Kulturdenkmal

Mythische Felsen in uriger Waldlandschaft

Am Südrand des Teutoburger Waldes, nahe der Grenze zum Eggegebirge, erhebt sich eine imposante Felsformation aus dem umgebenden Wald – die Externsteine. Schon seit Jahrtausenden sind die Menschen fasziniert von dieser Naturerscheinung: 13 zerklüftete Sandsteinfelsen, die bis zu 40 Meter hoch über die Baumkronen des Lippischen Waldes in den Himmel ragen. Geologisch lässt sich die Felsformation so erklären, dass Gesteinsschichten durch Kräfte des Erdinneren senkrecht gestellt wurden und anschließend durch Klima, Wasser und die Eiszeiten verwittert sind. Viele Spuren zeugen auch heute davon, dass die Menschen diesen Steinen schon lange eine besondere Bedeutung beigemessen haben. Seit dem 18. Jahrhundert sind die Externsteine einer der wichtigsten touristischen Anziehungspunkte des Landes beziehungsweise heute des Kreises Lippe (etwa 500.000 Besucher jährlich). Der Landesverband Lippe als Eigentümer der Externsteine hat 2011 ein Informationszentrum eingerichtet, das ein idealer Startpunkt zur Erkundung der Steine und des Umfeldes ist.

Die Externsteine bestehen aus Sandstein, der schon vor über 100 Millionen Jahren entstanden ist, in der Zeit der Unterkreide. Große Teile des Teutoburger Waldes, der ansonsten in geologischer Hinsicht sehr vielfältig ist, bestehen aus diesem Gestein, das auch als Osning-Sandstein bezeichnet wird. In der Kreidezeit war die gesamte heutige Westfälische Bucht ein Watt- und Flachwassergebiet. Feines Material, das von den Flüssen herantransportiert wurde, verteilte sich in dem flachen Meer und wurde im Laufe der Zeit von immer mehr Ablage-

rungen bedeckt. Unter dem Druck der jüngeren Ablagerungen wurde das tiefer liegende Material nach und nach zu Sandstein verfestigt. Vor etwa 65 Millionen Jahren wurden die ursprünglich horizontal gelagerten Schichten aufgefaltet und senkrecht gestellt. In dieser Zeit wurden in gleicher Weise die Alpen aufgefaltet; dies war ein so gewaltiger geologischer Prozess, dass er sich bis in das heutige Norddeutsche Tiefland auswirkte – auch auf den Teutoburger Wald und die Externsteine.

Die Externsteine und ihr Umfeld – das sind die beiden Bergrücken des Bärenstein (317 Meter) und des Knickenhagen (316 Meter) und das dazwischen liegende Bachtal der Wiembecke – sind Naturschutzgebiet und FFH-Gebiet. Neben der kulturhistorischen Bedeutung der Externsteine selbst ist das Gebiet aber auch für den Naturschutz bedeutend, weil hier viele kleinflächige Relikte von Lebensräumen der historischen Kulturlandschaft vorkommen (zum Beispiel Bergheide, Hutewald, Orchideenwiesen) und auch eine Reihe bemerkenswerter Pflanzen und Tiere.

Die Externsteine sind eines der bedeutendsten Geotope in Deutschland. Damit werden besonders anschauliche und gut erhaltene (nicht lebende) Zeugen der Erdgeschichte bezeichnet, die nicht nur für Fachleute, sondern vor allem auch für interessierte Laien eine besondere Aussagekraft haben. Die Externsteine als eines von knapp 80 Nationalen Geotopen Deutschlands sind damit ein wichtiger Teil des Naturerbes für die Menschheit, die es für kommende Generationen zu bewahren gilt. Neben den Externsteinen stehen auch noch die Bruchhauser Steine und das Felsenmeer Hemer auf dieser Liste der Nationalen Geotope Deutschlands (siehe Seite 124 und Seite 134).

DIE FAKTEN

Lage:
Stadt Horn-Bad Meinberg (Kreis Lippe)
Größe:
ca. 127 ha
Startpunkt:
Infozentrum Externsteine,
Externsteiner Str. 35, 32805 Horn-Bad Meinberg
(DG 51.869178, 8.917639)
Weitere Informationen:
Naturpark Teutoburger Wald/Eggegebirge
www.naturpark-teutoburgerwald.de
www.externsteine-info.de

TIPP:
Von den Externsteinen kann man wunderbar über den Hermannsweg zur Silbermühle (Einkehrmöglichkeit) und zum Berg Velmerstot wandern.
• www.hermannshoehen.teutoburgerwald.de

8

Silberbachtal & Velmerstot

Märchenhafte Bachlandschaft und traumhafte Ausblicke

Wildromantisches Tal im Eggegebirge

Heißt es nun die Velmerstot oder der Velmerstot? Diese Frage wird immer wieder gestellt, wenn es um die beiden nah beieinander liegenden Bergkuppen im Eggegebirge geht. Die meisten Einheimischen sagen wohl „der Velmerstot", aber in Stein gemeißelt ist dies nicht. Beide Bergkuppen liegen etwa 700 Meter auseinander und sind durch einen schmalen Kamm verbunden. Bewegt man sich auf diesem Weg vom Lippischen Velmerstot (441 Meter hoch) zum Preußischen Velmerstot (468 Meter hoch) oder umgekehrt, überschreitet man eine Grenze, die lange Zeit die Herrschaftsbereiche der Preußen in Westfalen und die der lippischen Fürsten getrennt hat.

In nördlicher und westlicher Richtung wird der Velmerstot vom Silberbach begrenzt. Das Silberbachtal zwischen Kattenmühle und Silbermühle gilt als das schönste Tal im ganzen Eggegebirge. Hier hat sich der Silberbach auf einer Länge von etwa 2 Kilometern tief in den Sandstein eingegraben. Der Name „Silberbach" kommt daher, dass man zu Beginn des 18. Jahrhunderts hier tatsächlich nach Silber gesucht hat; der Erfolg war allerdings bescheiden. Dieser Bachabschnitt bildet die Grenze zwischen dem Teutoburger Wald, der weiter nach Norden verläuft, und dem südlich anschließenden Eggegebirge. Auf einem Spaziergang vom Parkplatz Kattenmühle zur Silbermühle und weiter zu den beiden Bergspitzen kann man sich von der landschaftlichen Schönheit dieses wildromantischen Bachtales überzeugen.

Beide Bergspitzen haben eine kleine Besonderheit zu bieten. Am Lippischen Velmerstot wandert man durch eine schöne Bergheidelandschaft mit Heidekraut und vielen Preiselbeeren. Diese kleine Bergheidefläche ist einer der letzten Reste eines früher in den Mittelgebirgen weit verbreiteten Landschaftstyps, der durch Beweidung entstand, durch Aufgabe der Beweidung aber inzwischen wieder weitgehend verschwunden ist.

Die Aussicht von den Felsen des Lippischen Velmerstot ist schon beeindruckend, wird aber noch übertroffen von dem schönen Rundumblick, den man auf dem Preußischen Velmerstot vom Holzturm des örtlichen Forstamtes aus genießen kann. Von der NATO-Militärbasis, die auf diesem Gelände 30 Jahre lang im Kalten Krieg bestand, ist heute nichts mehr zu sehen. Auffällige Landmarken, die man von hier aus sehen kann, sind das Hermannsdenkmal in etwa 12 Kilometer Entfernung und der etwa 25 Kilometer entfernte Köterberg. Bei guter Sicht geht der Blick bis zum markant aus der Warburger Börde aufragenden Bergkegel des Desenbergs bei Warburg und zum Solling.

DIE FAKTEN

Lage:
Stadt Horn-Bad Meinberg (Kreis Lippe)
Größe:
ca. 144 ha
Startpunkt:
Parkplatz Kattenmühle, Zur Kattenmühle, 32805 Horn-Bad Meinberg (DG 51.836798, 8.938437)
Weitere Informationen:
Naturpark Teutoburger Wald/Eggegebirge
www.naturpark-teutoburgerwald.de

Aussicht vom Beobachtungsturm am Emmerbach

Münsterland

Das Münsterland ist eine flache Mulde, auf mehreren Seiten umgeben von höheren Bergländern, aufgebaut aus Gesteinen der Kreidezeit und überlagert von Löss und Sand. Dementsprechend sind die Bodenverhältnisse im an der Oberfläche so einheitlich wirkenden Münsterland grundverschieden. Grob betrachtet kann man nährstoffreiche und staunasse Böden im Süden und nährstoffarme, trockene bis nasse Böden im Norden unterscheiden.

Landwirtschaft prägt die gesamte Landschaft. Das liegt zum einen an den gut zu bewirtschaftenden Böden, zum anderen aber auch an den gut zu erreichenden Absatzmärkten im Ruhrgebiet. Dies wiederum bedingt den hohen Anteil der Viehwirtschaft an der Landwirtschaft im Münsterland. Weitere Markenzeichen der Region sind malerische Einzelhöfe und Wasserschlösser, kleine Wäldchen und Hecken.

9

Wistinghauser Senne

Auf Ochsentour im Naturgroßprojekt

Hautnah bei den Hochlandrindern – mitten im Wald

Rinder und Pferde im Wald – das ist kein alltägliches Bild. Mit der Trennung von Wald und Weide zu Beginn des 19. Jahrhunderts gehörte dies jahrhundertealte Bild der Vergangenheit an. Bis dahin allerdings war es durchaus üblich, Rinder und Pferde, Schafe und Ziegen und sogar Schweine zum Fressen in den Wald zu treiben – was aber auch zu großen Waldzerstörungen und degradierten Flächen führte, auf denen der Wald sich nicht mehr aus eigener Kraft verjüngen konnte.

Doch heute kommt man mehr und mehr zu der Erkenntnis, dass sich Weidetiere im Wald durchaus positiv auf die Artenvielfalt auswirken – zumindest solange eine bestimmte Intensität nicht überschritten wird. Also lässt man in der Wistinghauser Senne bei Oerlinghausen seit 2009 Schottische Hochlandrinder und Exmoorponys in den Wald, damit diese möglichst viel von dem teilweise starken Strauchaufwuchs verbeißen. So kommt mehr Licht und Wärme an den Waldboden und dadurch bekommen seltene Pflanzen und Tiere hier bessere Lebensmöglichkeiten. Ihnen ist es im „normalen" Wirtschaftswald zu dunkel und wir finden diese Arten heute nur noch auf Heiden und Magerrasen – früher hingegen kamen sie auch in den beweideten Wäldern vor.

Das Experiment mit den Weidetieren im Wald findet im Rahmen eines Naturschutzgroßprojektes des Bundes statt. Wissenschaftler des Naturparks Teutoburger Wald/Eggegebirge beobachten das Gebiet laufend, damit durch die Beweidung keine Schäden am Wald entstehen. Wenn man heute als Wanderer durch das Waldweidegebiet geht, kann man hier nicht nur den Rindern und Pferden direkt begegnen, sondern hört auch die Gesänge von Gartenrotschwanz und Heidelerche, was 10 Jahre früher in den damals noch vorherrschenden dichten und dunklen Nadelwäldern undenkbar war.

Durch das etwa 200 Hektar große Weidegebiet führen mehrere Wanderwege. Zäune und Tore unterteilen das Gebiet in mehrere Koppeln. So können die Projektbetreuer des Naturparks die Aktivitäten der Weidetiere steuern. Als Wanderer kann man auf den Wegen in den Weidekoppeln schon mal auf eine Gruppe Schottischer Hochlandrinder treffen, die hier lagert und sich von den Besuchern nicht stören lässt. Auch wenn die Tiere völlig harmlos sind, sollte man einen gewissen Abstand halten, um sie nicht zu erschrecken. Die ebenfalls im Weidegebiet eingesetzten Exmoorponys sind etwas scheuer. Ihnen wird man auf den Wegen nicht begegnen, sondern muss sie im Wald suchen.

DIE FAKTEN

Lage:
Stadt Oerlinghausen (Kreis Lippe)
Größe:
ca. 200 ha
Startpunkt:
Archäologisches Freilichtmuseum Oerlinghausen, Am Barkhauser Berg 2-6, 33813 Oerlinghausen (DG 51.951232, 8.662779)
Weitere Informationen:
Naturschutzgroßprojekt Senne und Teutoburger Wald
www.ngp-senne.de
www.afm-oerlinghausen.de

10

Furlbachtal

Glasklares Wasser auf weißem Sand

Ursprüngliche Schluchten in der Senne

Der offizielle Name dieses landschaftlichen Kleinods am Rand des Truppenübungsplatzes Senne lautet „Naturschutzgebiet Schluchten und Moore am oberen Furlbach". Damit werden die Besonderheiten des Gebietes auch ganz gut beschrieben: ein naturnaher Sandbach mit tief eingeschnittenen Erosionstälern und kleine Moore in Dünenfeldern. Wir sind hier in der Senne und das merkt man auf Schritt und Tritt. Den Untergrund bilden mächtige Sandschichten, die vor 200.000 Jahren mit dem Wasser der abtauenden Gletscher hierhin verfrachtet wurden. Das Ursprungsgebiet des Sandes kann man vom Rand des Furlbachtales aus sehen. Es ist der Gebirgszug des Teutoburger Waldes, der aus Sandsteinen und Kalksteinen aufgebaut ist.

Für die meisten Besucher ist das Furlbachtal kein typisches Senne-Gebiet. Die meisten Menschen verbinden mit dem Begriff „Senne" weite Heideflächen, viele Ostwestfalen erinnern sich vielleicht auch an ihre Militärzeit, die sie auf dem Truppenübungsplatz verbracht haben. Heideflächen gibt es im Furlbachtal tatsächlich wenig. Das Schutzziel für dieses Gebiet ist auch nicht der Erhalt von historischer Kulturlandschaft mit Heideflächen und Magerrasen, sondern von Lebensräumen der Naturlandschaft. Im Furlbachtal bekommt man einen Eindruck von der Senne vor dem Beginn der Heidebauernwirtschaft. Wälder, ein frei fließender Bach und Kleinmoore in flachen Geländemulden prägen das Landschaftsbild dieses wildromantischen Gebietes.

Besonders eindrucksvoll ist der Furlbach selbst, mit seinem klaren Wasser, dem weißen Sand im Untergrund und den Wasserpflanzen, die immer dort grüne Teppiche im Bachbett bilden, wo die Bäume nicht ganz so dicht schließen und etwas mehr Licht zum Gewässer durchlassen. Dieser Abschnitt des Furlbachs ist so naturnah ausgebildet, dass er landesweit als Referenzgewässer für sandgeprägte Tieflandbäche gilt. Er dient also als Vorbild für andere Gewässer im Tiefland, die etwa naturnäher gestaltet oder renaturiert werden sollen.

Die Pflanzenwelt im Furlbachtal ist eher unscheinbar. Typische Sennepflanzen sind nämlich kleinwüchsig; es sind Spezialisten, die mit dem nährstoffarmen Sennesand zurechtkommen müssen. Und die botanischen Raritäten des Naturschutzgebietes wachsen in den Mooren, die natürlich nicht betreten werden dürfen. Sie sind viel zu empfindlich.

Wanderer werden bemerken, dass das Furlbachtal Wassergewinnungsgebiet ist. Die Stadtwerke Bielefeld fördern hier seit mehr als 100 Jahren Trinkwasser. Die Senne ist insgesamt ein wichtiges Trinkwassergebiet für die umliegenden Orte und die Großstadt Bielefeld. Daher ist den Stadtwerken nicht nur daran gelegen, sauberes Trinkwasser zu fördern, sondern auch in Zusammenarbeit mit örtlichen Naturschützern das gesamte Naturschutzgebiet in seiner Schönheit und Einmaligkeit zu erhalten.

DIE FAKTEN

Lage:
Gemeinde Augustdorf (Kreis Lippe) und Stadt Schloß Holte-Stukenbrock (Kreis Gütersloh)
Größe:
ca. 205 ha
Startpunkt:
Parkplatz „Schlingsbruch", Haustenbecker Str. (Höhe Birkenweg), 32832 Augustdorf (DG 51.902830, 8.731458) und Parkplatz am Mittweg, 33758 Schloß Holte-Stukenbrock (DG 51.882411, 8.695497)
Weitere Informationen:
Biologische Station Kreis Paderborn-Senne
www.bs-paderborn-senne.de

TIPP:
In unmittelbarer Nachbarschaft befindet sich das NSG Moosheide mit den Emsquellen. Beide Naturschutzgiete liegen übrigens direkt am Senne-Radweg!
www.senneradweg.de

11

Moosheide

Von halbwilden Pferden und lichten Wäldern

Bei den Senner Pferden an den Quellen der Ems

Der größte Teil der Sennelandschaft ist für Besucher gesperrt. Der über 120 Jahre alte Truppenübungsplatz ist aus Sicherheitsgründen für die Bevölkerung nicht zugänglich – nur an Wochenenden, an denen kein militärischer Schießbetrieb ist, bekommt man als Autofahrer auf den wenigen offenen Durchgangsstraßen einen Eindruck von der Weite der alten westfälischen Heidelandschaft, die früher hier wie in ganz Nordwestdeutschland riesige Flächen eingenommen hat.

Ein direktes Erleben der Senne ist aber im Naturschutzgebiet Moosheide möglich. Direkt am Truppenübungsplatz gelegen zeigt es Besuchern die Vielfalt und Schönheit einer von Natur aus nährstoffarmen Sandlandschaft. Spuren einer alten Kulturlandschaft und landesweit seltene Pflanzen und Tiere findet der aufmerksame Besucher hier. Auch wenn das Naturschutzgebiet nicht die Weitläufigkeit und Ruhe des Truppenübungsplatzes hat, für eine zwei- bis dreistündige Wanderung ist es groß genug und bietet ein abwechslungsreiches Mosaik aus Wald und Offenland.

Idealer Ausgangspunkt ist das mitten im Gebiet gelegene Ems-Informationszentrum der Gemeinde Hövelhof – vor allem für diejenigen, die nur einen kurzen Gang zur Emsquelle machen oder die Senner Pferde besuchen wollen. Diese Pferde sind eine echte Besonderheit der Region. Viele Hundert Jahre lebten sie halbwild auf dem Gebiet des heutigen Truppenübungsplatzes und wurden von ihren ehemaligen Besitzern, den lippischen Fürsten, einmal im Jahr zusammengetrieben, um junge Hengste für das Militär herauszuholen. Diese genügsame und ausdauernde Pferderasse wird heute von der Biologischen Station Kreis Paderborn-Senne zur Landschaftspflege eingesetzt.

Ein weiterer Startpunkt für Spaziergänge ist die Ems-Erlebniswelt der Stadt Schloß Holte-Stukenbrock am Nordrand des Gebietes. Historisch Interessierte können hier erst den Sowjetischen Soldatenfriedhof besuchen, bevor sie eine Wanderung in die lichten Kiefernwälder, die im August violett leuchtenden Heideflächen und die vielen anderen Kleinlebensräume dieses schönen Naturschutzgebietes machen.

Ein Besuch im Sommer ist besonders lohnend. Dann kann man an den Wegrändern viele Insekten beobachten und etwa dem Gesang der Feldgrille lauschen. Aber am schönsten ist das Gebiet zur Zeit der Heideblüte im August. An vielen Wegrändern, in den lichten Wäldern und vor allen auf den offenen Heideflächen und Magerrasen fällt die kräftig violette Blütenfarbe des Heidekrautes auf. Diese genügsame Pflanze – sie kommt mit sehr wenig Nährstoffen und sehr wenig Wasser aus – bedeckte früher noch sehr viel größere Flächen. Wenn nämlich in vergangenen Jahrhunderten die Heidebauern das Heidekraut abgestochen und als Einstreu in ihre Viehställe gebracht haben, konnte das Heidekraut als einzige Pflanze auf den mehr oder weniger nackten Sandflächen wieder auskeimen und sich ausbreiten, bis nach einigen Jahren wieder eine dichte Heidevegetation da war, die wieder abgeplaggt werden konnte. Heute pflegen die Heidschnucken der Biologischen Station die verbliebenen Heideflächen im Naturschutzgebiet Moosheide.

DIE FAKTEN

Lage:
Gemeinde Hövelhof (Kreis Paderborn) und Stadt Schloß Holte-Stukenbrock (Kreis Gütersloh)

Größe:
ca. 450 ha

Startpunkt:
Parkplatz am Ems-Informationszentrum, Emser Kirchweg 84, 33161 Hövelhof (DG 51.854308, 8.689427) und Parkplatz an der Ems-Erlebniswelt, Jägergrund, 33758 Schloß Holte-Stukenbrock (DG 51.868729, 8.692383)

Weitere Informationen:
Biologische Station Kreis Paderborn-Senne
www.bs-paderborn-senne.de

12

Steinhorster Becken

Hinterm Deich in Ostwestfalen-Lippe

Künstliche Emsstauung als idealer Lebensraum

Eigentlich war alles ganz anders geplant. Dort, wo heute das Naturschutzgebiet Steinhorster Becken liegt, sollte ein Hochwasser-Rückhaltebecken entstehen, um die unterhalb liegenden Städte Rietberg und Rheda-Wiedenbrück vor Hochwässern der Ems zu schützen. Bei einem Probestau waren Naturschützer und Behörden überrascht, dass die flachen Wasserflächen innerhalb kurzer Zeit von sehr vielen Wat- und Wasservögeln aufgesucht wurden. Daraus entstand die Idee, durch einen geringen Dauerstau ein Feuchtgebiet als Lebensraum für seltene und gefährdete Vögel zu entwickeln, ohne dass die Funktion des Beckens für den Hochwasserschutz beeinträchtigt wird.

Dafür kaufte das Land NRW in den 1970er- und 1980er-Jahren etwa 75 Hektar Flächen im Kernbereich des heutigen Steinhorster Beckens. 1991 wurde das Steinhorster Becken mit einer Größe von ungefähr 83 Hektar als Naturschutzgebiet ausgewiesen. Heute ist es zudem ein wichtiger Teil des EU-Vogelschutzgebietes Rietberger Emsniederung mit Steinhorster Becken mit einer Gesamtgröße von 929 Hektar.

Seit der Fertigstellung des Steinhorster Beckens konnten über 150 verschiedene Vogelarten nachgewiesen werden. Hier brüten sehr seltene Vogelarten, die in der heutigen Kulturlandschaft außerhalb der Naturschutzgebiete kaum noch geeignete Lebensräume und Brutgebiete finden. Besonders bedeutsam ist das Gebiet für Durchzügler. Das sind Vögel, die von ihren Brutgebieten in Nordeuropa in die Winterquartiere in Südeuropa fliegen und unterwegs geeignete Rastplätze benötigen. Besucher können das Steinhorster Becken auf einem etwa 4,5 Kilometer langen Rundwanderweg umwandern.

Er verläuft auf weiten Strecken auf der Dammkrone des Rückhaltebeckens, direkt an der Grenze des Schutzgebietes. Von zwei Aussichtstürmen am Weg bieten sich schöne Beobachtungsmöglichkeiten der zahlreichen Wat- und Wasservögel des Gebietes.

Regelmäßige Brutvögel sind etwa Flussregenpfeifer, Haubentaucher und Zwergtaucher, Kiebitz, Rohrammer, Sumpfrohrsänger und Teichrohrsänger, Wasserralle, Löffelente, Reiherente und Schnatterente. Die vielen Gänse, die im Steinhorster Becken und in der Umgebung seit den 1990er-Jahren brüten, sind ursprünglich hier nicht heimisch gewesen. Neben der häufigen Graugans ist auch die Kanadagans mittlerweile im Gebiet nicht selten, auch Nilgans und Rostgans brüten vereinzelt hier.

Seit 2009 brüten auch wieder Weißstörche im Steinhorster Becken. Geholfen haben dabei Nestplattformen, die dank der Hilfe von Sponsoren aufgestellt wurden.

Das Steinhorster Becken ist aber nicht nur für Vögel ein bedeutender Lebensraum, sondern mittlerweile auch für Amphibien, Wasserinsekten und Pflanzen. Vor allem Arten, die auf feuchte, ungedüngte und sonnige Standorte angewiesen sind, können sich hier gut entwickeln.

DIE FAKTEN

Lage:
Stadt Delbrück (Kreis Paderborn)
Größe:
ca. 83 ha
Startpunkt:
Parkplatz Neubrückstr., 33129 Delbrück
(DG 51.817907, 8.535552)
Weitere Informationen:
Biologische Station Kreis Paderborn-Senne
www.bs-paderborn-senne.de

TIPP:
Das Steinhorster Becken liegt auf dem Senne-Parcours Hövelhof — ein 60 km langer Fahrradrundkurs ohne große Höhenunterschiede. Sennetypische Gastlichkeit am Wegesrand lädt zusätzlich zum Verweilen ein.
• www.paderborner-land.de

13

Merfelder Bruch

Die letzten europäischen Wildpferde

400 Wildpferde – frei und ungebunden

Ein Naturschutzgebiet mit einer Herde „wilder“ Pferde als Hauptattraktion – das ist schon ungewöhnlich. Der Merfelder Bruch ist eine Besonderheit des Münsterlandes. Hierhin kommen jedes Jahr viele Tausende Pferdeliebhaber, um die „Dülmener Wildpferde“ zu sehen. Seit vielen Jahrhunderten leben die Tiere hier mehr oder weniger in freier Wildbahn. Die Dülmener sind kleine Pferde mit einem Stockmaß von etwa 1,30 Metern und meist hellbrauner oder hellgrauer Färbung. Der für viele Wildpferde typische Aalstrich von der Mähne bis zum Schweif ist bei ihnen gut zu sehen.

Wie in vielen anderen Regionen Westfalens, in denen in der Vergangenheit wilde Pferde vorkamen (so auch in der Senne), waren die Tiere auf den Gemeinschaftsflächen im Merfelder Bruch das ganze Jahr über sich selbst überlassen. Sie haben eine lange Geschichte – die erste urkundliche Erwähnung stammt aus dem Jahr 1316. Vermutlich gab es die Pferde aber auch schon vorher im Merfelder Bruch. Früher umfasste das Gebiet mehrere Tausend Hektar. Aber durch die verbesserten Nutzungsmöglichkeiten früher unbrauchbarer Flächen wurde der Lebensraum der Dülmener vor allem im 19. Jahrhundert immer stärker eingeschränkt. Mitte des 19. Jahrhunderts wurden die Gemeinschaftsweiden schließlich – wie in vielen anderen Gegenden in Nordwestdeutschland auch – geteilt. Der Herzog von Croy gab den letzten 20 Dülmener Pferden auf seinem etwa 35 Hektar großen Teil der ehemaligen Gemeinschaftsweiden ein „Asyl“. In den letzten 150 Jahren konnte die Fläche stetig vergrößert werden und auch die Herde wuchs immer mehr an. Heute leben auf rund 350 Hektar Fläche etwa 400 Pferde.

Um Inzucht innerhalb des kleinen Pferdebestandes zu vermeiden, werden schon lange andere robuste Pferderassen eingekreuzt, die ein ähnliches Aussehen wie die Dülmener haben. Seit über 50 Jahren werden etwa Koniks eingesetzt, eine Ponyrasse aus Osteuropa, die mit den rauen Bedingungen der ganzjährigen Weidehaltung gut zurechtkommt. Als Unterstand bei Hitze, Regen, Schnee und Wind muss ihnen der Baumbestand auf der Fläche genügen. Aber ganz ohne menschliche Hilfe geht es doch nicht – in strengen Wintern werden die Tiere mit Heu gefüttert. Aber auch so passiert es ab und zu, dass schwache Tiere den Winter nicht überstehen.

Eine besondere Attraktion ist das Einfangen und Versteigern der einjährigen Hengste am letzten Samstag im Mai. Tausende von Besuchern verfolgen in der eigens dafür angelegten Arena das Spektakel, das eine lange Tradition seit dem Jahr 1907 hat. Die Hengste werden von Hand gefangen und meistbietend versteigert.

DIE FAKTEN

Lage:
Stadt Dülmen (Kreis Coesfeld)
Größe:
ca. 360 ha
Startpunkt:
Einfahrt zur Wildpferdebahn an der L600 zwischen Borken und Dülmen (DG 51.855887, 7.129497)
Weitere Informationen:
Herzog von Croy'sche Verwaltung
www.wildpferde.de

14

Emsdettener Venn

Eines der letzten Hochmoore im Münsterland

Das Libellenparadies im Hochmoor

Das westlich von Emsdetten gelegene Emsdettener Venn ist eines der ältesten Naturschutzgebiete im Kreis Steinfurt, die ersten Moorflächen wurden bereits 1941 unter Naturschutz gestellt. Zusammen mit dem benachbarten Naturschutzgebiet Wiesen am Max-Clemens-Kanal bildet es das FFH-Gebiet Emsdettener Venn und Wiesen am Max-Clemens-Kanal. Die Moor- und Heideflächen im Zentrum des Gebietes sind zusammen mit den umgebenden Feuchtgrünlandflächen ein wichtiges Brut- und Rastgebiet vieler seltener und gefährdeter Vogelarten. Regelmäßig brüten hier Brachvogel und Bekassine, Kiebitz, Rohrweihe, Schwarzkehlchen, Zwergtaucher und verschiedenen Entenarten.

Die Torfmächtigkeit beträgt im Zentrum des Gebietes rund 2 Meter, zu den Rändern hin nimmt sie allerdings ab, wie in anderen Moorgebieten auch. Schon seit dem Mittelalter wurde hier Torf abgebaut, zuerst nur als kleinbäuerlicher Torfstich, ab dem Ende des 19. Jahrhunderts auch systematisch. Wie in vielen anderen Moor- und Heidegebieten in Nordwestdeutschland setzte auch im Emsdettener Venn die Intensivierung mit der Auflösung der Allmenden, also der gemeinschaftlichen Flächen, ein. Um die Flächen im landwirtschaftlichen Sinne besser nutzen zu können, wurden Gräben gezogen und künstliche Düngemittel eingesetzt. Glücklicherweise engagierten sich naturkundlich Interessierte schon in den 1930er-Jahren für den Erhalt

dieser besonderen Landschaft, was zur Ausweisung der ersten Naturschutzflächen im Kreis Steinfurt mitten im Zweiten Weltkrieg führte. Dies rettete zwar das Birkhuhn nicht mehr, das damals noch im Gebiet vorkam – es war aber dennoch ein wichtiger Schritt für die Erhaltung des Gebietes.

Bis heute wurden schon – ähnlich wie in vielen anderen Moorgebieten – viele Pflegemaßnahmen durchgeführt: Gehölze wurden entfernt und Gräben wieder verschlossen. Alles dient dem einen Ziel: Möglichst viel Wasser muss im Moor bleiben und nicht über die Baumblätter verdunstet oder über Gräben abgeführt werden. Und diese Pflegemaßnehmen wird man im Emsdettener Venn noch viele Jahre durchführen müssen – ein Schicksal, das viele Moorgebiete haben, deren natürlicher Wasserhaushalt einmal gründlich gestört worden ist.

Besucher können heute auf einem 6 Kilometer langen Raderlebnisweg oder auf einem 1,5 Kilometer langen Lehrpfad zu Fuß das Moor erkunden. Gute Beobachtungsmöglichkeiten bietet ein Aussichtsturm am nördlichen Rand des zentralen Moorbereichs.

DIE FAKTEN

Lage:
Stadt Steinfurt (Kreis Steinfurt)
Größe:
ca. 340 ha
Startpunkt:
Parkplatz an der Neuenkirchener Str. zwischen Emsdetten und Neuenkirchen-St. Arnold (DG 52.175939, 7.467501)
Weitere Informationen:
Biologische Station Kreis Steinfurt
www.biologische-station-steinfurt.de

TIPP:
Wer das Emsdettener Venn ganz entspannt erradeln möchte, kann das gerne tun: Es liegt nämlich genau auf dem EmsRadweg.
• www.emsradweg.de

15

Bockholter Berge

Waldiges Dünenlandschafts-Kleinod

Zwischen bockigen Ziegen und knorrigen Bäumen

Die Bockholter Berge sind eine sandige Dünen- und Heidelandschaft, aufgelockert durch alte, knorrige Eichen und Wacholdersträucher und mit Eichen- und Kiefernwaldbestand. Bis Mitte des 19. Jahrhunderts war dieses Gebiet – wie überhaupt weite Teile des nordwestdeutschen Tieflandes – eine offene Heidelandschaft. Und wie in den anderen Tieflandgebieten Westfalens wurden auch hier große Flächen aufgeforstet. Von den ehemaligen Heiden blieben im Laufe der Zeit allenfalls kleine Reste.

Damit auch diese nicht irgendwann verschwinden, werden regelmäßig Pflegemaßnahmen durchgeführt. Die von Natur aus aufkommenden Kiefern und Laubgehölze werden wieder entfernt, damit es dem Licht liebenden Heidekraut und vielen anderen Pflanzen und Tiere des Lebensraums Heide nicht irgendwann zu dunkel wird. Zusätzlich kann man auch noch den Oberboden entfernen. Damit erhalten konkurrenzschwache Pflanzenarten von nährstoffarmen Standorten einen Vorteil vor den Arten, die eher nährstoffreiche Stellen bevorzugen und dadurch viel stärker und schneller wachsen können. Und auch viele Insekten, die auf diese offenen Sandstellen als Brutstätte oder Lebensraum angewiesen sind, profitieren davon. Früher haben dies die Heidebauern übernommen, heute werden die notwendigen Pflegemaßnahmen von Naturschützern durchgeführt.

Alle diese Pflegemaßnahmen wurden auch schon im Naturschutzgebiet der Bockholter Berge durchgeführt. Zudem werden Schafe hier als Landschaftspfleger eingesetzt. Sie sollen vor allem die aufkommenden Gehölze zurückdrängen und den Pflanzen und Tieren Lebensraum schaffen, die viel Licht und Wärme benötigen. So versucht man, auf kleiner Fläche ein Stück Landschaftsgeschichte aus der Vergangenheit lebendig werden zu lassen.

Schon 1939 wurden die Bockholter Berge als Naturschutzgebiet ausgewiesen. Mit anderen Schutzgebieten sind sie heute Teil des FFH-Gebietes Emsaue. Naturliebhaber und Erholungssuchende können von verschiedenen Parkplätzen am Rand des Gebietes dieses kleine „Schatzkästlein" entdecken.

DIE FAKTEN

Lage:
Stadt Greven (Kreis Steinfurt)
Größe:
ca. 61 ha
Startpunkt:
Wanderparkplatz am Schiffahrter Damm zwischen Münster und Greven (DG 52.058773, 7.674978)
Weitere Informationen:
NABU-Naturschutzstation Münsterland www.nabu-station.de

16

Rieselfelder Münster

Großes Europäisches Vogelschutzgebiet

Wilde Flugmanöver im Schilf

Das Naturschutzgebiet, auch Europäisches Vogelschutzgebiet, Rieselfelder Münster liegt im nördlichen Stadtgebiet von Münster. Es sind ehemalige Verrieselungsflächen für die städtischen Abwässer. Wie in vielen anderen Städten, deren Bevölkerung im 19. Jahrhundert stark zunahm, musste auch in Münster eine Lösung für die vielen Abwässer gefunden werden. Und wie in vielen anderen Städten, wollte man auch in Münster die Abwässer in großen Becken in den Sanduntergrund versickern lassen, um sie so zu reinigen. Dazu wurde ein Heidegebiet mit einem tiefen Sanduntergrund im Stadtteil Coerde als Verrieselungsfläche ausgewiesen. In den 1960er-Jahren war die Fläche auf fast 6,5 Quadratkilometer angewachsen. Aber mit dem Bau von leistungsfähigen Kläranlagen in den 1970er-Jahren waren die Rieselfelder überflüssig geworden, sie sollten wieder verschwinden und einem Industriegebiet Platz machen.

Mittlerweile stellte man aber fest, dass die vielfach ganzjährig mit Abwasser überstauten Flächen attraktive Lebensräume für viele Wasser- und Watvö-

gel waren. Hinzu kam der Verlust von vielen Feuchtlebensräumen in ganz Deutschland. Das Land Nordrhein-Westfalen pachtete schließlich im Jahr 1977 eine etwa 230 Hektar große Kernfläche von der Stadt Münster, die kurz danach als Europareservat und als Feuchtgebiet internationaler Bedeutung ausgezeichnet wurde. Mit der Ausweisung als Naturschutzgebiet und als Europäisches Vogelschutzgebiet entwickelten sich die Rieselfelder Münster auch zu einem beliebten Ausflugsziel und Naherholungsgebiet.

Die Kernflächen des Naturschutzgebietes sind für die Öffentlichkeit allerdings nicht zugänglich. Hier würden Besucher die teils scheuen Wasser- und Watvögel zu sehr in ihrem Brutgeschäft und bei der Nahrungssuche stören. In der südöstlichen Hälfte ist aber ein Naturerlebnisgebiet entstanden mit Stauteichen, Feuchtwiesen und Streuobstwiesen ebenso wie Brachflächen auf denen gute Vogelbeobachtungen möglich sind. Ein 12 Meter hoher Aussichtsturm bietet zusätzliche Beobachtungsmöglichkeiten.

Die Rieselfelder Münster sind ein wichtiges Rast- und Rückzugsgebiet für sehr viele seltene und gefährdete Vogelarten. Über 130 Vogelarten wurden hier schon beobachtet. Manche Arten wie Bartmeise und Rohrschwirl brüten nirgendwo anders in Nordrhein-Westfalen. Im Winter rasten viele Gänse und Enten in den Rieselfeldern Münster. Für Vogelliebhaber ist hier eigentlich das ganze Jahr über etwas zu sehen.

DIE FAKTEN

Lage:
Stadt Münster
Größe:
ca. 228 ha
Startpunkt:
Biologische Station Rieselfelder Münster, Coermühle 181, 48157 Münster (DG 52.028719, 7.654947)
Weitere Informationen:
Biologische Station Rieselfelder Münster www.rieselfelder-muenster.de

TIPP:
Die Rieselfelder Münster und viele weitere Naturschutzgebiete rund um Münster sind zur Naturgenussroute verknüpft – ideal für eine ausgedehnte Tagestour oder eine mehrtägige Radwanderung. Die Route ist insgesamt etwa 160 km lang und ein Projekt der NABU-Naturschutzstation Münsterland • www.naturgenussroute.de

17

Davert mit Emmerbach

Das größte Laubwaldgebiet im Münsterland

Artenreiche Flora und Fauna in münsterländer Parklandschaft

Aus geografischer Sicht ist die Davert eine flache Mulde im zentralen Münsterland mit größtenteils naturnahen Laubwaldbeständen. Es ist das größte Laubwaldgebiet des Münsterlandes, geprägt von alten, knorrigen Eichen und feuchten Wäldern mit Flatterulme, ein mittlerweile selten gewordener heimischer Laubbaum. Die Wälder wechseln aber immer wieder mit Grünland und Ackerland ab, sodass auch hier der Charakter der münsterländischen Parklandschaft erkennbar wird.

Mitten durch die Davert fließt der Emmerbach, in dessen Aue die NABU-Naturschutzstation Münsterland ein Weidegebiet eingerichtet hat, in dem man Heckrinder und Konik-Pferde das ganze Jahr hindurch beobachten kann. Die Weidetiere sollen die biologische Vielfalt im Gebiet erhöhen und zu einer natürlichen Auenentwicklung beitragen. Mit dem Beweidungsprojekt der Naturschützer wurde eine historische Nutzung wiederbelebt, da die Davert vom 14. bis zum 19. Jahrhundert eine Wildbahn mit frei lebenden Pferden, den sogenannten „Davertnickeln", war (ganz ähnlich wie die Dülmener Wildpferde im Merfelder Bruch). Rund 200 Jahre nach Auflösung der Wildbahn kehrten 2011 die Weidetiere zurück.

Der charackteristische Baum der Davert ist die Eiche. Und da Eichenwälder sehr artenreich sind, findet zum Beispiel der Mittelspecht in den Wäldern ausreichend Nahrung. In der Davert hat die seltene Vogelart ihr größtes Vorkommen in NRW. Aber auch Schwarzspecht, Rotmilan und Wespenbussard sind hier zu Hause, drei weitere typische Waldvögel.

Alles in allem ist die Davert eine sehr vielfältige Landschaft mit einer artenreichen Flora und Fauna. Neben den vielen Vogelarten sind besonders die zahlreichen Libellen und Schmetterlinge hervorzuheben. Heute stehen in der Davert und der Emmerbachaue mehr als 2.000 Hektar Fläche unter Naturschutz. Besucher können das Gebiet auf einem etwa 4,5 Kilometer langen Naturlehrpfad erkunden, der mitten hinein in die Davert führt.

DIE FAKTEN

Lage:
Stadt Münster, Gemeinden Senden und Ascheberg (Kreis Coesfeld), Städte Drensteinfurt und Sendenhorst (Kreis Warendorf)
Größe:
ca. 786 ha (MS), ca. 708 ha (COE), ca. 736 ha (WAF)
Startpunkt:
Verschiedene Startpunkte für Wanderungen im gesamten Gebiet
Weitere Informationen:
NABU-Naturschutzstation Münsterland
www.nabu-station.de

18

Zwillbrocker Venn

Oase für Wasservögel an der holländischen Grenze

Exotisches Flair mit Flamingos und Lachmöwen

Flamingos brüten in NRW – kann das denn sein? Ja, im Zwillbrocker Venn, dem weltweit nördlichsten Brutplatz dieser schönen Tiere. Es kommen hier sogar verschiedene Arten vor: Rosaflamingo, Kubaflamingo und Chileflamingo, selten auch mal Zwergflamingo. Die ansonsten in Südeuropa und Afrika lebenden Rosaflamingos könnten Wildvögel sein; bei den anderen Arten handelt es sich wahrscheinlich um Gefangenschaftsflüchtlinge, also um Tiere, die aus Tierhaltungen entflogen sind. Im Zwillbrocker Venn brüten die Flamingos, den Winter verbringen sie in den milderen Gebieten Südhollands. Die Flamingos sind „die" Attraktion und ein großer Sympathieträger der Region, dementsprechend werden sie auch touristisch vermarktet.

Flamingos ernähren sich von kleinen Krebsen und Muscheln, besonders aber von Plankton. Davon gibt es im Zwillbrocker Venn genug, vor allem auf Grund der großen Menge an Vogelkot von der größten binnenländischen Lachmöwenkolonie in Deutschland. Mehr als 15.000 Tiere leben hier und machen schon von weitem durch ihre enorme Lautstärke auf sich aufmerksam. Im Frühjahr und Sommer kann man die Flamingos gut bei der Nahrungssuche beobachten. Mit ihren kräftigen Schnäbeln saugen sie Wasser ein und pressen es durch einen Filterapparat wieder aus. Alles, was an den Lamellen hängenbleibt, wird verdaut. Von den kleinen Krebsen

erhalten die Flamingos übrigens ihre auffällige Farbe – die roten Farbstoffe der Krebse werden in die Vogelfedern eingelagert.

Neben dem flachen See, der sich nach früherer Torfnutzung mit Wasser gefüllt hat und heute Lebensraum unter anderem für die Flamingos und die Lachmöwen ist, wird das Zwillbrocker Venn außerdem von Feuchtwiesen, Mooren und Heiden geprägt. Wasser ist also das zentrale Element in diesem Gebiet. Im landwirtschaftlich intensiv genutzten Westmünsterland ist das direkt an der deutsch-niederländischen Grenze gelegene Zwillbrocker Venn eine kleine Oase für Vögel von Wasser- und Feuchtlebensräumen.

Aber nicht nur für Vögel ist das Gebiet interessant, auch viele Touristen werden von den Flamingos angelockt. Auf einem etwa 6 Kilometer langen Rundwanderweg, auf dem man aus drei Beobachtungshütten einen guten Ausblick auf die Tiere hat, kann man das Gebiet erkunden.

DIE FAKTEN

Lage:
Stadt Vreden (Kreis Borken)
Größe:
ca. 176 ha (das 245 ha große FFH-Gebiet umfasst auch das benachbarte NSG Ellewicker Feld)
Startpunkt:
Parkplatz an der Kirche St. Franziskus Zwillbrock 9, 48691 Vreden (DG 52.054036, 6.691328)
Weitere Informationen:
Biologische Station Zwillbrock www.bszwillbrock.de

TIPP:
Das Zwillbrocker Venn liegt an der Flamingoroute – ein ca. 450 km langer Radweg. Hier lassen sich per pedes Landleben, Kultur, Schlösser und Herrensitze sowie Naturschutzgebiete miteinander verbinden.
• www.flamingoroute.de

Wildwald Vosswinkel

Sauerland

mit Bergischem Land und Siegerland

Der südliche Teil von Nordrhein-Westfalen gehört zum Rheinischen Schiefergebirge. Hierzu zählen das Sauerland, das Bergische Land und das Siegerland mit dem Rothaargebirge – sie alle zusammen werden oft als „Süderbergland“ bezeichnet. Den Untergrund bilden alte, stark gefaltete Schichtgesteine. Hier liegen die höchsten Erhebungen von Nordrhein-Westfalen, die man sich allerdings nicht als steile Gipfel wie in den Alpen vorstellen darf, sondern vielmehr als flache Kuppen, die sich kaum aus den weiten Hochflächen erheben.

Die Luvlagen des Rheinischen Schiefergebirges sind stark beregnet, sodass sich hier seit dem Mittelalter Gewerbe angesiedelt hat, das auf viel und frisches Wasser angewiesen war. Wasser und Wald prägen auch heute noch die Landschaft, die sich im 20. Jahrhundert zum Freizeit- und Erholungsgebiet für alle Jahreszeiten entwickelt hat.

19

Bruchhauser Steine

Bizarres Nationales Naturmonument

Mächtige Felsenlandschaft am Rothaarsteig

Im Herzen des Sauerlandes erheben sich bei Bruchhausen, einem kleinen Ortsteil der Stadt Olsberg, vier eindrucksvolle Felsen über die Baumwipfel. Sie stehen am Nordwesthang des Istenberges im Rothaargebirge. Der höchste von ihnen, der Bornstein, ist 92 Meter hoch. Bei den anderen handelt es sich um den Ravenstein (72 Meter), den Goldstein (60 Meter) und den Feldstein (45 Meter). Der Feldstein ist zwar der kleinste der vier Felsmonumente, er liegt aber am höchsten. Sein höchster Punkt, auf dem ein 9 Meter hohes Holzkreuz steht, überragt sogar noch den Gipfel des Istenberges um 28 Meter. Außerdem ist er der einzige Felsen, der über einen steilen Weg mit gesicherten Felsstufen bestiegen werden kann. Von hier hat man bei guter Fernsicht einen tollen Blick bis zum Teutoburger Wald und über die Sauerländer Berge bis in das Münsterland.

Die Bruchhauser Steine bestehen aus über 360 Millionen Jahre altem Lavagestein. Geologen bezeichnen es als „Rhyolit" – früher sagte man „Quarzporphyr" dazu. Entstanden sind sie, als im Zeitalter des Devon glutflüssiges Magma aus dem Erdinneren über Spalten austrat und in dem damaligen Meer über der Ausbruchsstelle erstarrte. Später wurde es von Sanden und Tonen bedeckt, die allerdings deutlich weicher waren und in geologisch jüngerer Zeit wieder erodierten. Nur das extrem harte Lavagestein widerstand der Verwitterung bis heute.

Schon in vorgeschichtlicher Zeit hatten die Felsen eine starke Anziehungskraft auf Menschen. Die zwischen den Felsen liegende Wallanlage – die älteste im Sauerland – zeugt davon. Die ursprüngliche Wallburg schloss die vier Felsen mit ein. Heute sind nur noch Teile der Wallanlage vorhanden. Vermutlich war es eine Fluchtburg, die nicht dauerhaft bewohnt war und nur bei Gefahr aufgesucht wurde.

Eine naturkundliche Besonderheit sind die Bruchhauser Steine nicht nur wegen ihres markanten Erscheinungsbildes, sondern auch wegen des Vorkommens einiger seltener Pflanzen und Tiere. Neben eher unauffälligen seltenen Moosen und Flechten wächst hier als ein Relikt der Eiszeit die Alpen-Gänsekresse *(Arabis alpina)*, die sonst erst wieder im Schwarzwald und in den Alpen zu finden ist. Weil störungsempfindliche Vögel wie Wanderfalke und Uhu in den Felsen brüten, sind sie für Kletterer gesperrt.

Die Bruchhauser Steine sind als Naturschutzgebiet und auch als FFH-Gebiet ausgewiesen sowie seit 2017 auch als Nationales Naturmonument (das zweite in Deutschland).

DIE FAKTEN

Lage:
Stadt Olsberg (Hochsauerlandkreis)
Größe:
ca. 85 ha
Startpunkt:
Info-Center der Stiftung Bruchhauser Steine, Graugreben'scher Weg, 59939 Olsberg (DG 51.324114, 8.536817)
Weitere Informationen:
Stiftung Bruchhauser Steine
www.stiftung-bruchhauser-steine.de

20

Wildwald Vosswinkel

Auf Du und Du mit den Tieren des Waldes

Naturschauspiel Hirschbrunft hautnah erleben

Der Wildwald Vosswinkel ist ein privates Naturerlebnisgebiet im Lürwald, der im Arnsberger Stadtteil Vosswinkel liegt. Auf dem Gelände eines historischen Jagdgatters gründete die Familie Ketteler-Boeselager im Jahr 1970 auf etwa 680 Hektar den Wildwald. Seitdem versucht die Familie als Betreiberin des Parks, das Gebiet unter forstwirtschaftlichen, touristischen und naturschutzfachlichen Gesichtspunkten zu bewirtschaften. Zugunsten der touristischen Nutzung erfolgt die forstliche Nutzung allerdings nur sehr eingeschränkt.

Der Wildwald ist ein gut besuchtes Naturerlebnisgebiet. Etwa 100.000 Besucher kommen jährlich hierhin. Zu den Attraktionen zählen neben den Tieren, die man hier beobachten kann, sicherlich auch die Waldakademie Vosswinkel, die fast täglich Veranstaltungen anbietet, und die regelmäßig stattfindenden Events wie Holztage, Waldlichter und Waldweihnachtsmarkt, aber auch das Waldkino und der Naturklettergarten.

Als Besucher kann man die Gehege durchwandern. Das macht ein „hautnahes“ Beobachten von Wildtieren ohne störende Zäune möglich. Die Besucherzahlen zeigen, dass das Konzept der Familie Ketteler-Boeselager erfolgreich ist. Zu den Wildtieren, die im Wildwald Vosswinkel gehalten werden, zählen Rotwild, Damwild, Rehwild und Muffelwild, Wildschwein, Fuchs und Dachs, Waschbär und Marderhund sowie Eichhörnchen und Marder. Auch typische Waldvögel kann man hier beobachten, wie Uhu, Schwarzstorch, Kolkrabe und verschiedene Spechtarten.

Die Hauptattraktion ist aber zweifellos die Hirschbrunft von Ende September bis Mitte Oktober. Dann wird es laut im Wald und es kommen besonders viele Besucher in den Park, um die paarungswilligen Rothirsche gewissermaßen auf „Open-Air-Konzerten“ aus der Nähe zu beobachten. Die rauen Rufe der Hirsche sind manchmal kilometerweit zu hören – ein tolles Naturschauspiel.

DIE FAKTEN

Lage:
Stadt Arnsberg (Hochsauerlandkreis)
Größe:
ca. 680 ha, davon 250 ha für Besucher zugänglich
Startpunkt:
Wildwald Vosswinkel, Bellingsen 5, 59757 Arnsberg (DG 51.457457, 7.882111)
Weitere Informationen:
Wildwald Vosswinkel
www.wildwald.de

Tipp:
Der Wildwald Vosswinkel bietet auch urige Übernachtungsmöglichkeiten mitten im Wald oder im Ziegenhotel. Für einen günstigen Eintritt gibt es auch Führungen etwa zur Hirschbrunft oder Fütterungen zu erleben. Eine Einkehrmöglichkeit ist ebenfalls vorhanden.

21

Felsenmeer & Heinrichshöhle

Wuchtige Gesteinsformationen und eine faszinierende Unterwelt

Urzeitlich, verwunschen und wild zerklüfet

Bei Hemer im nördlichen Sauerland öffnet sich mitten im Wald eine tiefe Schlucht voller bizarrer Felsen, das Felsenmeer. Die Entstehung dieser Felsen auf dem ca. 35 Hektar großen Gebiet stellt auch heute noch die Geologen vor Rätsel. Die Felsen sind Teil eines Gesteinszuges, der am südlichen Rand des Ruhrgebiets von Wuppertal über Hagen bis nach Iserlohn verläuft und aus 400 Millionen Jahren altem Riffkalkstein besteht.

Bei Hemer war eine Störungszone wohl die Ursache, dass mineralhaltiges Wasser in das Gestein eindringen konnte und vor etwa 20 bis 30 Millionen Jahren – im sogenannten Tertiär – unter warm-feuchten Klimabedingungen den Kalkstein teilweise auflöste. An der Erdoberfläche bildete sich dadurch eine bizarre Kegelkarstlandschaft mit schroffen Felsen, die durch tiefe Löcher voneinander getrennt sind. Während der Eiszeiten wurde diese Karstlandschaft vollständig durch Aufwehungen von Löss verschüttet. Wie die Steine des Felsenmeeres bei Hemer dann wieder freigelegt wurden, wie sie heute zu sehen sind, ist den Geologen ein Rätsel. Als Möglichkeiten für die Entstehung dieses Naturphänomens werden zum Beispiel ein Überbleibsel einer riesigen Bergbaupinge oder der Einsturz einer großen Höhle diskutiert.

Am südwestlichen Rand des Felsenmeeres befindet sich mit der Heinrichshöhle eine für Besucher zugängliche Höhle als Teil eines größeren Höhlensystems in dieser Region. In den Höhlen des nördlichen Sauerlandes wurden über 1.000 Jahre lang bis gegen Ende des 19. Jahrhunderts Eisenerze abgebaut. Dabei wurden die natürlichen Höhlen erst ausgeräumt, dann erweitert und auch als Transportweg genutzt. In den Höhlen am Südrand des heutigen Ruhrgebiets fand der älteste Eisenerzabbau Westfalens statt. Der Eisengehalt des Gesteins beträgt bis zu 80 Prozent. Abgebaut wurden Roteisenstein, Brauneisenerz, Zinkspat (Galmei) und das seltene Grün-Bleierz.

Seit 1968 steht das Felsenmeer unter Naturschutz. Über Tage und unter Tage ist dieses Gebiet ein komplexes Gemisch aus Geotop, Biotop und bergbaugeschichtlichem Bodendenkmal. Der bis zu 250 Jahre alte Baumbestand ist ein wichtiger Lebensraum für Spechte und Fledermäuse. Das komplette Gebiet ist heute eingezäunt. Über einen Rundweg ist es für Besucher gut erschlossen. Aus Sicherheitsgründen dürfen die Wege aber auf keinen Fall verlassen werden.

DIE FAKTEN

Lage:
Stadt Hemer (Märkischer Kreis)
Größe:
ca. 35 ha
Startpunkt:
Parkplatz an der Deilinghofer Str., 58675 Hemer (DG 51.383237, 7.787701)
Weitere Informationen:
Naturschutzzentrum Märkischer Kreis
www.naturschutzzentrum-mk.de
www.hiz-hemer.de

TIPP:
Beide Gebiete liegen direkt nebeneinander und können so bequem zusammen besucht werden. Ein Besuch der Heinrichshöhle ist übrigens nur im Rahmen einer Führung möglich!

22

Niedersfelder Hochheide

Bezaubernde Blütenpracht und bizarre Kieferngebilde

Rosafarbene Teppiche aus Heideblüten

Bekannter als der offizielle Name des Naturschutzgebietes „Neuer Hagen" ist die im Osten des Hochsauerlandkreises gelegene größte Bergheide Nordwestdeutschlands unter dem Namen „Niedersfelder Hochheide". Auf über 800 Meter Meereshöhe finden wir hier eine Landschaftsform, die ansonsten typisch ist für das nordwestdeutsche Tiefland, die Heide.

Und wie im Tiefland werden auch die Heiden des Berglandes im Wesentlichen vom Heidekraut gebildet. Daneben gibt es aber noch weitere Zwergsträucher, vor allem Heidelbeere, aber auch Preiselbeere, seltener Rauschbeere und Krähenbeere.

Zwergsträucher sind eine besondere Lebensform. Es sind niedrig wachsende, verholzte Pflanzen, die maximal einen halben Meter hoch werden. Besonders häufig findet man sie in Lebensräumen mit extremen Umweltbedingungen, zum Beispiel. im Hochgebirge, in der Tundra oder in der Wüste. Auch die Bergheiden sind extreme Lebensräume und die Pflanzen, die hier wachsen, müssen nicht nur mit den von Natur aus kargen Böden zurechtkommen, sondern auch im Winter mit tiefen Temperaturen und großen Schneemengen.

Eine Besonderheit der Bergheiden, so auch der Niedersfelder Hochheide, ist die Arnika, eine alte Heilpflanze, die früher auch „Berg-Wohlverleih" genannt wurde. Die goldgelben Blüten der aromatisch duftenden Pflanze enthalten viele ätherische Öle und andere Wirkstoffe, die vor allem entzündungshemmend und antiseptisch wirken.

Rund um die Niedersfelder Hochheide führt ein 4,5 Kilometer langer Rundwanderweg, auf dem man die Heidelandschaft genießen, den zur Beweidung eingesetzten Heidschnucken bei der Arbeit zusehen und mit ein wenig Glück seltene Vogelarten wie Raubwürger, Wiesenpieper oder Baumpieper beobachten kann.

Eine weitere bekannte Bergheide des Sauerlandes ist auf dem Kahlen Asten. Dort wurde für Menschen mit Mobilitätseinschränkungen ein kurzer barrierearmer Rundwanderweg eingerichtet und es gibt einen (nicht barrierefreien) Aussichtsturm.

DIE FAKTEN

Lage:
Stadt Winterberg (Hochsauerlandkreis)
Größe:
ca. 74 ha
Startpunkt:
Wanderparkplatz Hochheide Hütte,
57399 Kirchhundem
(DG 51.254360, 8.556863)
Weitere Informationen:
Biologische Station Hochsauerlandkreis
www.biostation-hsk.de

23

Rothaarkamm & Wiesentäler

Tolle Aussichten und dunkle Wälder

Ein Mosaik verschiedenster Lebensräume

Das Naturschutz- und FFH-Gebiet Rothaarkamm und Wiesentäler ist ein großes Waldgebiet mit größtenteils Buchenwäldern zwischen den Orten Netphen, Hilchenbach und Erndtebrück. Inmitten der großflächigen Buchen- und Fichtenwälder finden sich kleinflächig auch vegetationskundliche Besonderheiten wie Karpatenbirken-Bruchwälder und ein Schluchtwald.

Mit seiner Lage auf rund 600 Metern über dem Meeresspiegel ist das Klima am Rothaarkamm recht rau. Die kühl-feuchte Witterung begünstigte die Bildung von Mooren. Darüber hinaus wird die Landschaft durch zahlreiche Quellen sowie kleinere und größere Fließgewässer geprägt. Die offenen Bereiche werden als Grünland genutzt, das hier — je nach Boden- und Wasserverhältnissen — in ganz unterschiedlichen Ausprägungen vorkommt, etwa als Magerwiese, als Borstgrasrasen oder als Heide.

Durch das Naturschutzgebiet verläuft der Rothaarsteig. Auf über 150 Kilometern Länge führt er mit fast 4.000 Höhenmetern vom Nordrand des Rothaargebirges bis zum Rand des Westerwaldes. Die Vielfalt macht es möglich, dass man auf Wanderungen einige seltene Arten beobachten kann. Mit Schwarzstorch, Rotmilan, Sperlingskauz und

Waldschnepfe fühlen sich hier typische Waldvögel ebenso zu Hause wie Offenlandarten, zum Beispiel. Raubwürger und Neuntöter. Vorsicht ist geboten beim Blauen Eisenhut. Die große und dekorative Pflanze gilt als giftigste einheimische Pflanzenart in Europa.

Etwas nördlich des Naturschutzgebietes liegt die Ginsberger Heide, die ihren Namen von der nahe gelegenen geschichtsträchtigen Ginsburg erhielt. Heute ist von der einstigen Höhenburg aus dem 13. Jahrhundert nur noch eine Ruine zu sehen. Ende des 17. Jahrhunderts verlor die Burg ihre militärische und strategische Bedeutung an einstmals bedeutenden Fernwegen und verfiel. Markant ist heute der in den 1960er-Jahren aufgebaute, etwa 17 Meter hohe, gelb verputzte Aussichtsturm. Von hier hat man eine wunderschöne Aussicht weit über das Rothaargebirge.

DIE FAKTEN

Lage:
Stadt Hilchenbach (Kreis Siegen-Wittgenstein)
Größe:
ca. 1.176 ha
Startpunkt:
Wanderparkplatz Ederquelle Eisenstr., 57250 Netphen (DG 50.931219, 8.196334)
Weitere Informationen:
Biologische Station Siegen-Wittgenstein www.biologische-station-siegen-wittgenstein.de

TIPP:
Wanderer aufgepasst: Der Rothaarsteig führt durch dieses Naturschutzgebiet!
• www.rothaarsteig.de
Ein lehrreicher Besuch im Waldinformationszentrum Forsthaus Hohenroth rundet den Tag ab.
• www.waldland-hohenroth.de

24

Wisentwildnis

Urgewalt am Rothaarsteig

Wildnis pur: frei lebende Wisente

Im Wittgensteiner Land findet ein einzigartiges Artenschutzprojekt statt. Nach zehnjähriger Vorbereitungszeit wurden im Jahr 2013 in den Wäldern von Bad Berleburg und Schmallenberg acht Wisente freigelassen. Das ist einzigartig – zumindest in Westeuropa. Und gleich im ersten Jahr bekam die Herde Zuwachs: Zwei Wisent-Kälber erblickten einen und zwei Monate nach Beginn des Projektes das Licht der Welt – seit Jahrhunderten die ersten in freier Wildbahn geborenen Wisente in Deutschland. Mittlerweile besteht die Herde aus über 20 frei lebenden Tieren.

Wisente sind Rinder, die noch bis ins Mittelalter als echte Wildtiere in europäischen Wäldern vorkamen. Sie lebten in kleinen Herden aus Kühen und Jungtieren oder aus jungen Bullen in Laub-, Nadel- und Mischwäldern. Anfang des 20. Jahrhunderts waren Wisente vom Aussterben bedroht. In freier Wildnis gab es keine Tiere mehr, nur noch in Zoos in Tiergehegen. Alle heute lebenden Wisente stammen von insgesamt zwölf Tieren aus menschlicher Haltung ab. Im Gebiet des heutigen Nationalparks Bialowieza an der polnisch-weißrussischen Grenze wurden 1952 die ersten Wisente wieder ausgewildert und angesiedelt. Heute gibt es wieder rund 2.000 frei lebende Wisente in Europa.

Wisente sind Pflanzenfresser. Sie gehören zu den sogenannten Raufutterverwertern, das heißt sie fressen vorwiegend harte, schwer verdauliche Pflanzenteile. Davon kann ein erwachsenes Tier täglich zwischen 30 und 60 Kilogramm aufnehmen. Überwiegend fressen sie in der Krautschicht des Waldes, im Winter gehen sie aber auch gerne an die

Rinde von Bäumen. Ursprünglich waren Wisente fast über ganz Europa bis weit hinein nach Russland verbreitet. Mit der Auflichtung der Wälder, der Nutzung der Wälder für die Viehweide und Waldrodungen für den Ackerbau gingen die Wisent-Bestände seit der Jungsteinzeit immer mehr zurück.

Angestoßen wurde das Projekt von dem Waldbesitzer Richard zu Sayn-Wittgenstein-Berleburg. Jährlich kommen mehrere 10.000 Besucher in seine Wälder, um die Wisente zu sehen. Es gibt aber nicht nur Befürworter und Freunde des Projektes. Von Anfang an war die Freilassung der großen Wildtiere umstritten. Da die Tiere auch Schäden an Rotbuchenbeständen privater Waldbesitzer anrichten, gibt es mittlerweile sogar gerichtliche Auseinandersetzungen.

Da das Areal für die frei lebenden Wisente mittlerweile ungefähr 10.000 Hektar umfasst, gibt es für Besucher keine Garantie, die Tiere auch auf einer mehrstündigen Wanderung zu Gesicht zu bekommen. Daher wurde mit der Wisent-Wildnis ein etwa 20 Hektar großes Gelände speziell dafür hergerichtet, dass Besucher gute Möglichkeiten haben, eines oder mehrere der hier lebenden zehn Wisente auf einem 3 Kilometer langen Rundwanderweg zu beobachten.

DIE FAKTEN

Lage:
Stadt Bad Berleburg (Kreis Siegen-Wittgenstein)
Größe:
WisentWelt ca. 10.000 ha,
Schaugehege Wisent-Wildnis ca. 20 ha
Startpunkt:
An der K42 zwischen Bad Berleburg-Wingeshausen und Schmallenberg-Jagdhaus (DG 51.091402, 8.267943)
Weitere Informationen:
WisentWelt Wittgenstein
www.wisent-welt.de

25

Neandertal

Geschichte und Natur erleben

Auf den Spuren des Urmenschen

Allein der Name klingt schon geheimnisvoll und wie aus grauer Vorzeit: „Neandertal". Dabei ist er noch gar nicht so alt. Bis Mitte des 19. Jahrhunderts führte das kleine Tal der Düssel ungefähr 10 Kilometer östlich von Düsseldorf andere Namen (zum Beispiel das „Gesteins"). Vor gut 150 Jahren wurde es zu Ehren des Kirchenkomponisten Joachim Neander umbenannt (von ihm stammt unter anderem das bekannte Kirchenlied „Lobe den Herren"). Pastor Neander war in seiner Freizeit gerne in dem schluchtartigen Tal und hielt hier auch Gottesdienste ab. Damals muss das Tal noch fast unberührt und sehr artenreich gewesen sein, mit markanten Felsen, Höhlen und Wasserfällen. Die Namen „Engelskammer", „Teufelskammer", „Leuchtenburg", „Predigtstuhl" oder „Rabenstein" weisen darauf hin.

Die romantischen Felsen wurden in der zweiten Hälfte des 19. Jahrhunderts durch den Kalkabbau weitgehend zerstört. Es entstand ein weiträumiges Tal, das ab dann unter dem Namen „Neandertal" (oder in alter Schreibweise „Neanderthal") bekannt wurde. Richtig berühmt wurde es durch den Fund von menschlichen Knochen im Jahr 1856, die schnell einem „Urzeitmenschen" zugeschrieben wurden. Vor allem vor dem Hintergrund der damals aufkommenden Evolutionstheorie wurde der Fund heftig diskutiert. Heute weiß man, dass die mehr

als 40.000 Jahre alten Knochen vom *Homo neanderthalensis* (oder Neandertaler) stammen, einem ausgestorbenen Verwandten des modernen Menschen *(Homo sapiens)*.

Heute ist das Neandertal Naturschutzgebiet und FFH-Gebiet. Trotz der starken Überformung durch den Kalkabbau ist es immer noch ein bedeutender Lebensraum beispielsweise für seltene Farnpflanzen oder für Tierarten, die an feuchte Lebensräume beziehungsweise Gewässer gebunden sind. Seit 1935 gibt es das Eiszeitliche Wildgehege Neandertal. Auf 23 Hektar leben hier Heckrinder, Heckpferde und Wisente. Während Heckrinder und Heckpferde von den Gebrüdern Heck vorgenommene Kreuzungen sind, die möglichst ursprüngliche Rinder und Pferde aus vorhandenen Rassen rückzüchten wollten, kann man sich bei den Wisenten vorstellen, dass diese Tiere zwischen den Eiszeiten bereits von den Neandertalern in diesem Tal gejagt wurden.

DIE FAKTEN

Lage:
Stadt Erkrath (Kreis Mettmann)
Größe:
ca. 223 ha
Startpunkt:
Neanderthal Museum, Talstr. 300, 40822 Mettmann (DG 51.226392, 6.950971)
Weitere Informationen:
Neanderthal Museum
www.neanderthal.de

TIPP:
Vor oder nach der Wanderung: Ein Museumsbesuch rundet den Ausflug perfekt ab.

Brackvenn

Eifel

Die Eifel ist eine Grenzlandschaft. Große teile liegen in Belgien oder im Nachbarbundesland Rheinland-Pfalz. Der nordrhein-westfälische Teil ist sehr vielfältig. Der Nordwesten des Hohen Venns mit seinen hohen Niederschlägen und den Staunässeböden wird durch Hochmoore und zahlreiche Bäche und Flüsse geprägt. Im Südosten des Venns schließt die wald- und ebenfalls wasserreiche Rureifel an. Hierzu zählt auch das Monschauer Heckenland mit den typischen meterhohen Rotbuchenhecken, die als Windschutz und Weidebegrenzung angelegt wurden.

Die Rur ist an der Mündung der Urft zur Rurtalsperre aufgestaut. Sie ist das Herzstück einer bekannten, vor allem für Wanderer attraktiven Ferienregion. Schon die Römer nutzten die Bodenschätze der Eifel, indem sie Steinbrühe, Kalkbrennereien und Bergwerke anlegten. Auch der Wald hatte früher und heute eine hohe wirtschaftliche Bedeutung. Die Landwirtschaft hatte in der Eifel allerdings immer schon mit Problemen zu kämpfen.

26

Hohes Venn

Weite deutsch-belgische Moorlandschaft

RUNDWEG

Für Grenzgänger: Das Hohe Venn und das Brackvenn

Das Brackvenn westlich von Mützenich ist ein Teilgebiet der riesigen Moorlandschaft des Hohen Venns. Dieses erstreckt sich im Grenzgebiet von Deutschland und Belgien auf etwa 600 Quadratkilometern, etwa ein Viertel davon auf deutschem Gebiet. Der belgische Teil des Hohen Venns ist das größte Naturschutzgebiet des Landes. In geografischer Hinsicht kann man sich das Venn als eine schildförmig gewölbte Hochfläche vorstellen, von der große Flächen Hochmoor sind. Naturräumlich gesehen liegt das Hohe Venn zwischen der Eifel und den Ardennen; teilweise wird es auch gar nicht als eigener Naturraum angesehen, sondern als Teil dieser beiden Mittelgebirge. Es gehört zum Naturpark Hohes Venn-Eifel.

Das Brackvenn liegt bereits knapp auf belgischem Gebiet. Die Herleitung des Namens sagt bereits viel über die einstige Nutzung des Gebietes aus: „Brack“ bedeutet (ähnlich wie „Wrack“) so viel wie nutzlos, in dem Sinne, dass dies kein für die Land- und Forstwirtschaft geeignetes Gebiet ist. Und „Venn“ ist ein in vielen Bereichen Nordwestdeutschlands verwendetes Wort für Moor. Das Gebiet wird von der Straße zwischen Mützenich und Eupen in einen südlichen und einen nördlichen Teil zerschnitten. Der südliche Teil ist relativ offen, der nördliche etwas stärker mit Gehölzen bewachsen.

Wie in vielen Gebieten des Hohen Venns wurde auch im Brackvenn in der Vergangenheit Torf abgebaut, im Wesentlichen von der Mützenicher Bevölkerung, die früher sehr arm war und sich kein anderes

Brennmaterial leisten konnte. Der Torfabbau und die damit verbundenen Entwässerungen haben in vielen Moorgebieten des Hohen Venns, und auch im Brackvenn, zu Vegetationsveränderungen geführt: Die ehemalige typische Hochmoorvegetation wurde von Pfeifengras verdrängt, das in echten Hochmooren eher als Trockenheitsanzeiger gilt. Ist es einmal flächendeckend da, kann es sehr dominant sein und eine Wiederbesiedlung mit typischen Hochmoorpflanzen sehr erschweren, selbst wenn die gestörten Wasserverhältnisse wieder in Ordnung gebracht werden.

Reste der alten Hochmoorvegetation findet man im Brackvenn noch an den interessanten Strukturen der Palsen. Das sind oft oval geformte, mit Wasser gefüllte Bodensenken mit einem häufig ring- oder hufeisenförmigen Wall. Als Überbleibsel von ehemaligen Frosthügeln sind es Zeugen der Eiszeit. Hier gibt es typische Hochmoorpflanzen wie Torfmoose, Sonnentau und Wollgräser sowie als Besonderheit die Moorlilie. Für Mitteleuropa sind die Vorkommen im Hohen Venn (und im Brackvenn) einzigartig. Ein besonders großer Palsen, das Höllenloch mit etwa 300 Metern Durchmesser, wird von der Straße im Brackvenn zerschnitten.

DIE FAKTEN

Lage:
Stadt Eupen (Belgien)
Größe:
ca. 4.100 ha
Startpunkt:
Wanderparkplatz im Brackvenn an der Monschauer Str./N67 zwischen Mützenich und Eupen direkt an der deutsch-belgischen Grenze (DG 50.566153, 6.188273)
Informationen:
www.naturpark-eifel.de

27

Narzissenwiesen

Gelbe Blütenmeere in tiefen Eifeltälern

Wilde Narzissen – ein einzigartiger Augenschmaus

Eine wunderschöne Besonderheit der Eifel sind ihre Wiesen mit wilden Narzissen. Bekannt sind vor allem das Perlenbachtal, das Fuhrtsbachtal und das Oleftal, es gibt aber noch weitere benachbarte Täler mit Narzissenwiesen.

Früher wurde auf diesen Wiesen Heu für das Vieh gewonnen. Dazu wurde ein spezielles Bewässerungssystem angelegt, die sogenannten „Flüxgräben". Im Frühjahr wurden sie geflutet und die im Bachwasser enthaltenen Schwebstoffe lagerten sich als natürlicher Dünger auf den Wiesen ab. Auch in anderen Gegenden Deutschlands gab es diese Form der Grünlandwirtschaft; andernorts wurden die Wiesen als „Flößwiesen" oder „Wässerwiesen" bezeichnet.

Nach dem Zweiten Weltkrieg wurden viele Eifelwiesen mit Fichten aufgeforstet, die Heunutzung lohnte sich einfach nicht mehr. In den Fichtenbeständen war es den Narzissen und vielen anderen Wiesenblumen zu dunkel, sodass sie nach und nach verschwanden. In den 1970er-Jahren wurden dann einige der alten Narzissenstandorte unter Naturschutz gestellt. Dies allein reichte allerdings nicht aus, um die schönen alten Wiesen zu retten. Erst mussten die Fichten wieder entfernt werden, Landwirte mussten die Wiesen wieder in Bewirtschaftung nehmen und regelmäßig mähen, aber nur einmal im Jahr und ohne eine weitere Düngung. Heute kommen in den Wiesentälern der Eifel wieder viele Millionen wilde Narzissen vor. In der Blütezeit ab Ende März kann man sich an den vielen gelben Farbtupfern auf dem braunen Wiesenboden nicht sattsehen.

Bachränder im Mittelgebirge sind typische natürliche Wuchsorte der Gelben Narzisse. Ursprünglich kam sie nur in West- und Mitteleuropa vor, wurde aber schon lange Zeit kultiviert. Wilde Narzissen sind deutlich kleiner als die Kultursorten. Diese sind sehr beliebte Schnittblumen, da sie sich lange in der Vase halten. Auch in Beeten und Rabatten werden die Zwiebeln gerne als frühe Farbtupfer gepflanzt. Narzissen sind giftig und wurden schon in der Antike als Heilpflanze genutzt. Im Christentum wird die Narzisse auch „Osterglocke" genannt und symbolisiert die Auferstehung – das ganze Jahr über ist sie nicht zu sehen und kann für tot gehalten werden, im Frühjahr kommt sie aber wieder kraftvoll und in alter Schönheit aus der Erde.

DIE FAKTEN

Lage:
Kreise Aachen, Düren und Euskirchen
Größe:
ca. 10.700 ha
Startpunkt:
Nationalpark-Tore (Infozentren) in Simmerath-Rurberg, Schleiden-Gemünd, Heimbach, Monschau-Höfen und Nideggen; außerdem zahlreiche Parkplätze im Gebiet
Weitere Informationen:
Verwaltung des Nationalparks Eifel
www.nationalpark-eifel.de

28

Wilder Kermeter

Die Geheimnisse des Waldes kennenlernen

Barrierefrei den Wald erleben

Der Kermeter ist das Kerngebiet des Nationalparks Eifel. Höchster Punkt ist mit fast 528 Metern ein namenloser Gipfel in der Gemeinde Schleiden (Kreis Euskirchen). Bis Juni 2017 stand hier ein hölzerner ehemaliger Feuerwachturm, der als Aussichtsturm diente, bis er nach einem Brand einstürzte.

Die Hälfte des 33 Quadratkilometer großen, geschlossenen Waldgebietes des Kermeter besteht aus Fichtenwäldern, die andere Hälfte etwa zu gleichen Teilen aus alten Buchen- und Eichenwäldern. Da die Flächen im Nationalpark Eifel liegen und es ein langfristiges Ziel ist, natürliche Wälder zu fördern, werden die Fichtenbestände nach und nach zu Laubwald umgebaut.

Im Jahr 2011 wurde auf dem Bergrücken des Kermeter der Wilde Kermeter eröffnet. Die Besonderheit dieses Naturerlebnisraumes ist, dass er barrierefrei gestaltet ist – mit behindertengerechter Bushaltestelle und Blindenleitsystem. 2014 kam als eine weitere Attraktion der Wilde Weg hinzu, ein barrierefreier Naturerkundungsweg. Das Wegenetz des Wilden Kermeter umfasst 6,2 Kilometer und das des Wilden Weges 1,6 Kilometer barrierefreie Wege (davon 210 Meter auf einem Holzsteg).

Alte und junge Menschen mit und ohne Behinderungen können hier das „ökologische Herzstück" (so die Nationalpark-Verwaltung) des Nationalparks erleben. Zwischen den beiden großen Gewässern des Rursees und des Urftsees bieten die Rotbuchen-Mischwälder Walderlebnisse für jeden Besucher. Attraktionen sind Panoramablicke auf die Seen (zum Beispiel am Aussichtspunkt Hirschley), ein Holzsteg durch die Waldwildnis und verschiedene interaktive Erlebnisstationen. Auf Menschen mit Mobilitäts-Einschränkungen wird Rücksicht genommen im Rahmen eines großen Angebotes an Rast- und Ruhepunkten und auf einem gut zu begehenden Wegenetz mit angepasstem Wegebelag und moderaten Steigungen. Auch für Gäste mit Seh- oder Hörbeeinträchtigungen gibt es passende Naturerlebnisangebote.

Insgesamt bieten Wilder Kermeter und Wilder Weg tolle Einblicke in die Natur für Menschen mit ganz unterschiedlichen Einschränkungen, die sich auf „normalen" Wegen oft nicht in die Natur trauen.

DIE FAKTEN

Lage:
Gemeinden Heimbach (Kreis Düren), Simmerath (Städteregion Aachen) und Schleiden (Kreis Euskirchen)
Größe:
ca. 3.300 ha
Startpunkt:
Nationalpark-Tore (Infozentren) in Simmerath-Rurberg, Schleiden-Gemünd, Heimbach; außerdem zahlreiche Parkplätze im Gebiet
Weitere Informationen:
Verwaltung des Nationalparks Eifel
www.nationalpark-eifel.de

29

Wildnis-Trail

Im Nationalpark auf den Spuren der Vergangenheit

Wo sich Kultur und Natur die Hand geben

Der Name „Wildnis-Trail" passt gut zu der Zielsetzung, mit der die Nationalparkverwaltung diesen Wanderweg konzipiert hat. Hier sollen Besucher sehen, wie land- und forstwirtschaftlich genutzte Flächen sich entwickeln, wenn sie sich selbst überlassen bleiben - also zu Wildnis werden. Auf diesen Flächen wird man aber noch jahrzehntelang die Spuren der alten Nutzungen erkennen können. Und so wird es wohl mehrere Generationen dauern, bis sich ein Zustand eingestellt hat, der von dem eines echten Urwalds nicht mehr zu unterscheiden ist. Aber auch dann werden Experten noch Unterschiede sehen, zum Beispiel daran, dass in einem echten Urwald bestimmte Käferarten vorkommen, die sich erst nach Jahrhunderten einstellen, weil ihre Larven in zersetztem Totholz oder in bestimmten Holzpilzen überlebt haben, die auf abgestorbenen Bäumen wachsen. In den kultivierten Wäldern in Mitteleuropa sind diese sogenannten „Urwaldreliktarten" vom Aussterben bedroht (zum Beispiel der Eremit).

Die 85 Kilometer des Wildnis-Trails kann man in vier Tagen bewältigen. Von Monschau-Höfen führt er über Einruhr, Gemünd und Heimbach nach Zerkall. Markiert ist der Weg mit einem stilisierten Wildkatzenkopf, der Wanderer darauf hinweist, dass dieses scheue Wildtier — neben weiteren etwa 900 seltenen und gefährdeten Arten — hier im Nationalpark vorkommt. Die Eifel beherbergt eines der größten Wildkatzenvorkommen in Deutschland. Als Wanderer wird man das scheue Tier, das den Menschen meidet, aber kaum zu Gesicht bekommen.

Der erste und bisher einzige Nationalpark in Nordrhein-Westfalen wurde Anfang 2004 als 14. Nationalpark in Deutschland eingerichtet. Langfristiges Ziel ist es, die Nutzung durch den Menschen auf mindestens 75 Prozent der Gesamtfläche einzustellen und diese Flächen sich selbst zu überlassen. Über lange Zeiträume werden sich die meisten Flächen im Nationalpark Eifel zu einem Buchenwald entwickeln, in dieser Region ist es der Hainsimsen-Buchenwald – ein artenarmer, in Mitteleuropa weit verbreiteter Waldtyp auf bodensauren Standorten.

Bekanntestes Waldgebiet innerhalb des Nationalparks ist der Kermeter, das größte geschlossene Waldgebiet im Rheinland. Im Nationalpark liegt auch der ehemalige Truppenübungsplatz Vogelsang – 1946 von den britischen Streitkräften eingerichtet und von 1950 bis 2005 unter belgischer Verwaltung. Heute kann das Gebiet des ehemaligen Truppenübungsplatzes mit der NS-Ordensburganlage Vogelsang tagsüber besichtigt werden. Zwei Talsperren liegen im beziehungsweise am Nationalpark: Die Urfttalsperre befindet sich im Herzen des Gebietes, die Rurtalsperre grenzt nordwestlich an.

DIE FAKTEN

Lage:
Kreise Aachen, Düren und Euskirchen
Größe:
ca. 10.700 ha
Startpunkt:
Nationalpark-Tore (Infozentren) in Simmerath-Rurberg, Schleiden-Gemünd, Heimbach, Monschau-Höfen und Nideggen; außerdem zahlreiche Parkplätze im Gebiet
Weitere Informationen:
Verwaltung des Nationalparks Eifel
www.nationalpark-eifel.de

TIPP:
Zwischendurch eine Geschichtsstunde einlegen? Die NS-Dokumentation Vogelsang und das Nationalparkzentrum Vogelsang freuen sich über einen Besuch!
www.vogelsang-ip.de

Bislicher Insel

Niederrhein

mit Mittelrhein

Der Niederrhein ist in geografischer Hinsicht eine überaus dynamische Landschaft. Bis ins 19. Jahrhundert beeinflussten das ständige Hochwasser und dadurch bedingte Verlagerungen des Rheines die Siedlungsentwicklung und die Landnutzung. Hier war im wahrsten Sinne des Wortes „alles im Fluss“. Außerdem war die Grenzregion in ihrer langen Geschichte auch stark durch die römische Besiedlung und die vielen Kriege und Fehden geprägt.

Heute ist der Rhein weitgehend gezähmt. Dazu haben unter anderem viele Deichbaumaßnahmen beigetragen, die auch heute noch die Landschaft bestimmen. Zwischen den Kulturlandschaften des niederrheinischen Tieflandes und der landschaftlich ähnlichen Niersniederung erstrecken sich die waldreichen niederrheinischen Höhen mit einer langen Waldgeschichte und vielen urgeschichtlichen Grabhügeln.

30

Siebengebirge

Märchenhafte Wälder direkt am Rhein

Herbstspaziergang im Siebengebirge

Der Name klingt geheimnisvoll, wie aus einem Märchen. Und die Herkunft des Begriffs „Siebengebirge“ ist auch nicht eindeutig geklärt. Wie so oft bei alten überlieferten Namen gibt es mehrere Deutungen. Am wahrscheinlichsten ist wohl die einfachste Erklärung, denn je nach Blickrichtung erkennt man tatsächlich etwa sieben Berge in dem rechtsrheinischen Mittelgebirge zwischen Bonn und Bad Honnef. Insgesamt sind es sogar etwa 50 Berge und Anhöhen. Der höchste ist mit 460 Metern der Große Ölberg im östlichen Siebengebirge. Bei klarem Wetter kann man von hier bis zum Kölner Dom schauen. Der bekannteste Berg dürfte der Petersberg (336 Meter) im westlichen Siebengebirge mit dem Gästehaus der Bundesrepublik Deutschland sein. Gleichfalls weithin bekannt ist aber auch der Drachenfels (320 Meter) mit dem neugotischen Schloss Drachenburg, das man mit einer Zahnradbahn aus dem Jahr 1884 erreichen kann. Über Schloss Drachenburg, aber auch um das Siebengebirge insgesamt, ranken sich viele Sagen und Legenden.

Das Siebengebirge ist vulkanischen Ursprungs und schon vor über 25 Millionen Jahren entstanden. Die letzte vulkanische Tätigkeit führte zur Entstehung des Petersberges. Bereits die Römer nutzten das Siebengebirge – sie legten hier Steinbrüche an, in denen auch später noch Trachyt abgebaut wurde. Dieses harte Gestein wurde vor allem zum Bau von repräsentativen Gebäuden gebraucht. Auch der Bergbau hat im Siebengebirge eine lange Geschichte: Kupfer, Blei und Zink werden schon seit der Römerzeit abgebaut.

Der zentrale Teil des Siebengebirges ist heute Naturschutzgebiet. Zusammen mit der Lüneburger Heide gehört es zu den ältesten deutschen Naturschutzgebieten. Das FFH-Gebiet Siebengebirge ist mit rund 4.700 Hektar und den größten zusammenhängenden Buchenwaldgebieten im Rheinland auch eines der größten NATURA-2000-Gebiete in Nordrhein-Westfalen. Der Naturpark Siebengebirge, einer der ältesten Naturparke in Deutschland, erstreckt sich insgesamt über 11.000 Hektar. Er bietet Besuchern der waldigen Hügellandschaft des Siebengebirges viele Erlebnismöglichkeiten, etwa das Naturparkhaus auf der Margarethenhöhe. Das Siebengebirge ist ein ideales Wandergebiet. Wanderern stehen hier rund 200 Kilometer gepflegte Wanderwege zur Erkundung zur Verfügung.

DIE FAKTEN

Lage:
Stadt Bad Honnef (Rhein-Sieg-Kreis)
Größe:
ca. 4.270 ha
Startpunkt:
Verschiedene Wanderparkplätze im Gebiet
Weitere Informationen:
Naturpark Siebengebirge
www.vv-siebengebirge.de

31

Bislicher Insel

Ein Paradies für Ornithologen

Eine der letzten Auenlandschaften in NRW

Eigentlich ist die Bislicher Insel gar keine Insel, sondern ein Stück Land, das durch Änderungen des Rheinverlaufs vollständig von Flusswasser umgeben ist. Auf alten Karten kann man erkennen, dass es die heute so bezeichnete Bislicher Insel zu Beginn des 18. Jahrhunderts noch gar nicht gab. Der Rhein machte damals um diesen Bereich zwischen Xanten und Ginderich einen großen Bogen. Diesen ließ Friedrich der Große 1788 durch den sogenannten „Bislicher Graben", der etwa dem heutigen Rheinverlauf entspricht, begradigen. So wurde der Wasserweg auf dem Rhein für die Schifffahrt deutlich verkürzt.

Der Bereich der Bislicher Insel ist eine der letzten Auenlandschaften in NRW. Wasser ist hier das landschaftsprägende Element. Neben den Wasserflächen des Rheins entstanden als Folge des Kiesabbaus weitere Wasserflächen. Bei Hochwasser wird die Bislicher Insel außerdem regelmäßig überflutet. Das heutige Naturschutzgebiet beherbergt eine Vielzahl an Süßwasser-Lebensräumen mit vielen Wasser- und Uferpflanzen, Auenwäldern und Flutmulden.

Eine besonders große Bedeutung hat es für Vögel, die auf Feuchtgebiete als Lebensraum angewiesen sind. Weißstörche und Graureiher brüten hier und auch viele Gänse (zum Beispiel Brand- und Zwerggänse, Nil- und Kanadagänse). Und arktische Wildgänse (also Grau-, Saat- und Blässgänse) überwintern hier zu Tausenden. Die größte Kormoran-Kolonie in NRW ist auf der Bislicher Insel. Vogelfreunde können hier außerdem Fischadler, Rohrdommeln, Wachtelkönige, Flussregenpfeifer, verschiedene Wasserläufer und Limikolen, Säger und Enten beobachten — ein wahres Paradies für Ornithologen.

In der Mitte der Bislicher Insel befindet sich ein Besucherzentrum mit einer Dauerausstellung. Ein gutes Wegenetz lädt Radfahrer und Wanderer ein. Für Schulklasen und andere Gruppen werden Führungen angeboten.

DIE FAKTEN

Lage:
Stadt Wesel (Kreis Wesel)
Größe:
ca. 1.053 ha
Startpunkt:
Infozentrum NaturForum, Bislicher Insel 11, 46509 Xanten (DG 51.654622, 6.500576)
Weitere Informationen:
Biologische Station im Kreis Wesel
www.bskw.de

32

De Gelderse Poort

Ein grenzüberschreitendes Naturschutzprojekt

Winterquartier für Abertausende Gänse

De Gelderse Poort, also das Tor zum Gelderland, ist ein Naturschutzprojekt im deutsch-niederländischen Grenzgebiet. Es ist ein Gemeinschaftsprojekt der Provinz Gelderland und des Kreises Kleve, das sich auf das Gebiet zwischen den Orten Arnheim, Emmerich, Kleve und Nimwegen bezieht. Das etwa 21.000 Hektar große Projektgebiet, in dem mehrere große Naturschutzgebiete liegen, ist zu etwa gleichen Teilen auf die beiden Länder verteilt.

Die Attraktion der Millingerwaard (etwa 700 Hektar Fläche in Holland) sind etwa 200 Koniks, eine robuste Pferderasse aus Polen, und etwa ebenso viele Galloway-Rinder, eine schottische Robustrasse. Die Tiere leben auf den großen Weideflächen in halbwilder Haltung und locken viele Besucher an.

Die Düffel ist ein Grünlandgebiet am Niederrhein zwischen Kleve und Nimwegen. Bekannt ist sie als Überwinterungsgebiet für Zigtausende arktische Gänse (vor allem Bläss-, Saat- und Graugänse). Dadurch ist die Düffel jährlich rund 1 Million Niederländern und Deutschen einen Besuch wert.

Das Naturschutzgebiet Kranenburger Bruch (etwa 115 Hektar) ist ein Teilgebiet der Düffel und ein wichtiger Lebensraum für viele Watvögel, darunter die selten gewordene Uferschnepfe.

Das Naturschutzgebiet Salmorth (etwa 1.050 Hektar) liegt auf einer Halbinsel im Rhein und ist ein für viele Zugvögel wichtiges Feuchtwiesengebiet.

In diesen und anderen Gebieten in der Projektregion wurden unter Federführung der Provinz Gelderland und des Kreises Kleve zusammen mit weiteren Partnern viele Projekte für Naturschutz und Landschaftsentwicklung umgesetzt. Übergeordnetes Ziel der vielen Einzelprojekte ist es, ein Neben- und Miteinander der unterschiedlichen Ansprüche von Landwirtschaft, Naturschutz und Tourismus in der Projektregion zu ermöglichen.

DIE FAKTEN

Lage:
Städte Kleve und Emmerich am Rhein (Kreis Kleve, D) sowie Arnheim und Nimwegen (Provinz Gelderland, NL)
Größe:
ca. 21.000 ha
Weitere Informationen:
Naturschutzzentrum im Kreis Kleve
www.nz-kleve.de

TIPP:
De Gelderse Poort besteht aus mehreren Gebieten, die gut mit dem Fahrrad zusammen erkundet werden können.

Wolfgang Schomberg ist gelernter Offsetdrucker und Grafikdesigner. Nach 15 Jahren Selbstständigkeit hat er seinen Schwerpunkt auf die Fotografie, genauer auf Landschafts-, Natur- und Städtefotografie gelegt.

Peter Rüther ist Leiter der Biologischen Station Kreis Paderborn – Senne. Er ist Autor und Herausgeber naturtouristischer Bücher und Ausbilder von Natur- und Landschaftsführern.

Bibliografische Information der Deutschen Nationalbibliothek
Die Deutsche Nationalbibliothek verzeichnet diese Publikation in der Deutschen Nationalbibliografie; detaillierte bibliografische Daten sind im Internet über http://dnb.d-nb.de abrufbar.

Konzeption, Fotografie, Layout _ Wolfgang Schomberg, zweiplus Büro für Grafik, Bielefeld
Druck und Bindung _ Gutenberg Beuys Feindruckerei GmbH, Langenhagen
ISBN 978-3-7700-2088-1

www.drosteverlag.de

Dck

Schomb